荣获华东地区大学出版社第七届优秀教材、学术专著二等奖

园林苗圃学

丁彦芬　田如男　**编著**

东南大学出版社·南京

内 容 提 要

园林苗圃学是主要讲述园林苗木繁殖和培育技术的实用性参考书。内容包括园林苗圃的建立、园林树木的种子生产、苗木的繁殖与培育、大苗培育技术、苗木出圃、育苗新技术、常用园林苗木的繁育技术和园林苗圃的经营管理等内容。本书旨在使读者通过学习,能够掌握园林苗圃学基本理论知识,并学以致用,提高解决生产实际问题的能力。

本书图文并茂,通俗易懂,为高等职业技术教育园林专业的教材,也可供大、中专院校园林和其他相关专业的师生参考及园林绿化工作者学习使用。

图书在版编目(CIP)数据

园林苗圃学/丁彦芬编著. —南京:东南大学出版社,2003.9(2019.1重印)
(高等职业技术教育园林专业系列教材)
ISBN 978-7-81089-176-9

Ⅰ.园… Ⅱ.丁… Ⅲ.苗圃学—高等学校:技术学校—教材 Ⅳ.S61

中国版本图书馆 CIP 数据核字(2003)第 069909 号

出版发行:东南大学出版社
社　　址:南京市四牌楼 2 号　邮编:210096
出 版 人:江建中
网　　址:http://press.seu.edu.cn
电子邮件:press@seu.edu.cn
经　　销:全国各地新华书店
印　　刷:大丰市科星印刷有限责任公司
开　　本:787mm×1092mm　1/16
印　　张:11.5
字　　数:280 千字
版　　次:2003 年 10 月第 1 版
印　　次:2019 年 1 月第 8 次印刷
书　　号:ISBN 978-7-81089-176-9
印　　数:17501—19000 册
定　　价:21.00 元

本社图书若有印装质量问题,请直接与读者服务部联系。电话(传真):025—83792328

高等职业技术教育园林专业系列教材

编审委员会

出 版 前 言

高等职业技术教育中的园林专业是应我国社会主义现代化建设的需要而诞生的，是我国林业高等教育的重要专业之一，该专业的教育目标是培养服务于生产、管理第一线的“一专多能”的应用型园林专业人才。

高职园林专业有其自身的特点，要求毕业生既能熟悉园林规划设计，又能进行园林植物培育及其应用(如花卉生产、树木栽培、插花、盆景制作等)、园林植物养护管理及园林工程施工管理等技术和管理工作，所以在教学中要突出对学生实践操作能力的训练与培养。根据这一要求，为培养合格人才，提高教学质量，必须有一套好的教材。但目前还没有相应的教材可供使用。南京林业大学高职园林专业是江苏省高职专业改革试点专业之一。我们组织了在高职园林专业教学上有丰富经验的教师，编写了这一套系列教材，准备在两年内陆续出版，以供高职园林专业学生之需要。

结合高职园林专业的教学特点，本套教材力求语言精炼，图文并茂，深入浅出，通俗易懂，做到科学性与实用性并重。这套教材可供园林专业和其它相近专业的教师、学生以及园林工作者学习和参考之用。

编写这套教材是一项探索性工作，教材中定会有不少疏漏不足之处，还需在教学实践中不断改进、完善。恳请广大读者在使用过程中提出宝贵意见，以便在再版时进一步修改和充实。

联系方式：南京四牌楼 2 号 东南大学出版社　姜　来编辑
邮编：210096
Tel：86-25-83793254
Fax：86-25-83790507
E-mail：oliviajl@163.com

高等职业技术教育园林专业系列教材编审委员会
2001 年 2 月

前　　言

植物是生态园林的灵魂，木本植物(园林树木)更是生态园林建设不可缺少的重要材料，伴随着“生态园林”、“森林城市”迅猛发展的浪潮，园林苗木业已成为最具活力的朝阳产业，园林苗圃的数量迅速增加，其规模也空前扩大。就此，如何产良种、育壮苗，实现苗圃的三大效益(社会效益、生态效益、经济效益)成为目前园林苗圃生产中亟待解决的问题。

高职园林专业的教育目标是培养服务于生产、管理第一线的“一专多能”的应用型园林人才。毫无疑问，园林植物的繁殖、培育以至园林苗圃的生产经营是该专业的重要专攻方向之一。“服务于高职教学，应用于生产实际”正是本教材的编写原则。在编写过程中，根据高职园林专业的特色，系统地讲述了园林苗圃的建立、园林树木的种子生产、苗木的繁殖和培育技术以及园林苗圃的经营管理等内容。本教材在内容上力求完善、创新，切合生产实际，使学生通过对本教材的学习，能够学有所悟，学以致用，切实提高解决园林苗圃生产中实际问题的能力。

由于近年来苗木业的发展日新月异，苗木新优品种层出不穷，苗木生产技术不断更新，苗木市场行情更是瞬息万变，又兼之各地自然条件不一，经济发展不均，所以，本课程的学习，需持辩证的、动态的发展观，活学活用。

本书由丁彦芬主编，并编写第 1、2、4、6、7、8、9 章，田如男编写第 3、5 章，全书由江苏省林业局教授级高工吕祥生审阅。在编写过程中，借鉴了南京林业大学许多专家、教授提出的宝贵意见，参阅了一些相关的著作和教材，在此，一并致以诚挚的谢意。

由于仓促成书，水平有限，书中定有诸多不当之处，敬请读者惠予指正。

编　著　者

2003 年 9 月于南京林业大学

目　　录

1 园林苗圃的建立

1.1 园林苗圃的含义

园林苗圃是繁殖和培育苗木的基地。其任务是用先进的科学技术，在较短的时间内，以较低的成本，根据市场需求，培育各种类型、各种规格、各种用途的优质苗木，以满足城乡绿化所需。

改革开放以来，我国社会空前进步，经济迅速发展，人民生活水平显著提高，对城乡绿化、环境建设提出了更新、更高的要求，而苗木是城乡绿化、美化的主要材料，是生态园林景观建成的基本保证。苗木由苗圃来培育，因此，必须拥有一定数量、一定规模的苗圃作为生产、供应苗木的基地。在此绿化形势的感召下，近些年来，我国各地苗圃的建立如雨后春笋，花木重镇纷纷涌现：如浙江的萧山、山东的李营、江苏的颜集……据农业部发布的全国花卉统计数据，2007 年，仅观赏苗木的种植面积就多达 404 304.4 hm^2，其销售额高达 2 873 051.7 万元。不少地方已把苗木生产作为实现经济跨越性发展的支柱产业，在规模上超百亩、上千亩的园林苗圃比比皆是，甚至达万亩的苗木示范基地亦不再罕见。

1.2 园林苗圃用地的选择

1.2.1 苗圃的经营条件

苗圃所处位置的经营条件直接关系到经营管理水平的高低及经济效益。经营条件主要包括以下几个方面。

1. 交通便捷

选择靠近铁路、公路、水路、机场的地方，以便于苗木和生产资料的运输。

2. 劳力、电力有保证

设在靠近村镇的地方，便于解决劳力、电力问题。尤其在春秋苗圃工作繁忙的时候，可以补充临时性的劳动力。

3. 科技指导

苗圃如能靠近相关的科研单位、大专院校等地方，则有利于采用先进的生产技术，提高产品的科技含量。

4. 远离污染源

如有空气污染、土壤污染和水污染的地方，不宜选作苗圃，否则会影响苗木的正常生长发育，甚至危及苗木的生命。

1.2.2 苗圃的自然条件

1. 地形、地势及坡向

苗圃地宜选择灌排良好、地势较高、地形平坦的开阔地带。坡度以1°～3°为宜，坡度过大易造成水土流失，降低土壤肥力，不便于机械操作与灌溉。南方多雨地区，为了便于排水，可选用3°～5°的坡地，坡度大小可根据不同地区的具体条件和育苗要求来决定，在较粘重的土壤上，坡度可适当大些，在砂性土壤上坡度宜小，以防冲刷。在坡度大的山地育苗需修梯田。积水洼地、重盐碱地、多冰雹地、寒流汇集地，如峡谷、风口、林中空地等日温差变化较大的地方，苗木易受冻害、风害、日灼等，都不宜选作苗圃。

在地形起伏大的地区，坡向的不同直接影响光照、温度、水分和土层的厚薄等因素，对苗木生长影响很大。一般南坡光照强，受光时间长，温度高，湿度小，昼夜温差变化很大，对苗木生长发育不利；西坡则因我国冬季多西北寒风，易遭冻害。可见，不同坡向各有利弊，必须依当地的具体自然条件及栽培条件，因地制宜地选择最合适的坡向。如在华北、西北地区，干旱寒冷和西北风危害是主要矛盾，故选用东南坡为最好；而南方温暖多雨，则常以东南、东北坡为佳，南坡和西南坡阳光直射，幼苗易受灼伤。如在一苗圃内必须有不同坡向的土地时，则应根据树种的不同习性，进行合理安排，以减轻不利因素对苗木的危害。如北坡培育耐寒、喜阴种类；南坡培育耐旱、喜光种类等。

2. 水源及地下水位

苗木在培育过程中必须有充足的水分。有收无收在于水，多收少收在于肥，水分是苗木的生命线。因此水源和地下水位是苗圃地选择的重要条件之一。苗圃地应选设在江、河、湖、塘、水库等天然水源附近，以利引水灌溉。这些天然水源水质好，有利于苗木的生长；同时也有利于使用喷灌、滴灌等现代化灌溉技术。如能自流灌溉则能降低育苗成本。若无天然水源，或水源不足，则应选择地下水源充足，可以打井提水灌溉的地方作为苗圃。苗圃灌溉用淡水，水中盐含量不超过1/1 000，最高不得超过1.5/1 000。对于易被水淹和冲击的地方不宜选作苗圃。

地下水位过高，土壤的通透性差，根系生长不良，地上部分易发生徒长现象，而秋季停止生长晚也易受冻害。当蒸发量大于降水量时会将土壤中的盐分带至地面，水走盐留，造成土壤盐渍化。在多雨时又易造成涝灾。地下水位过低，土壤易于干旱，必须增加灌溉次数及灌溉水量，提高了育苗成本。在北方旱季，地下水位太深，无法提取的地方不宜建立苗圃。最合适的地下水位一般为砂土1～1.5 m，砂壤土2.5 m左右，粘性土壤4 m左右。

3. 土　壤

苗木适宜生长于具有一定肥力的砂质壤土或轻粘质壤土上。过分粘重的土壤通气性和排水都不良，有碍根系的生长，雨后泥泞，土壤易板结，过于干旱易龟裂，不仅耕作困难，而且冬季苗木冻拔现象严重。过于砂质的土壤疏松，肥力低、保水力差，夏季表土高温易灼伤幼苗，移植时土球易松散。同时还应注意土层的厚度、结构和肥力等情况。有团粒结构的土壤通气性好，有利于土壤微生物的活动和有机质的分解；土壤肥力高，有利于苗木生长。土壤结构可通过农业技术措施加以改进，故不作为苗圃选地的基本条件。重盐碱地及过分酸性土壤也不宜选作苗圃。土壤的酸碱性通常以中性、微酸性或微碱性为好。一般针叶树种要求 pH 值 5.0～6.5，阔叶树种 pH 值 6.0～8.0。在选择苗圃地时，可能不是所有自然条件都是最佳的。土壤质地若不理想，而其他条件都还可以，可通过改良土壤的办法来解决，如粘中掺砂或砂中掺粘。目前许多苗圃都是在有可能改良土壤条件的情况下确定下来的。

4. 病虫草害

在选择苗圃时，一般都应做专门的病虫草害调查，了解当地病虫草害情况及其感染程度。病虫草害过分严重的土地和附近大树病虫害感染严重的地方，不宜选作苗圃。金龟子、象鼻虫、蝼蛄、立枯病、多年生深根性杂草等危害严重的地方不宜选作苗圃。土生有害动物如鼠类过多的地方一般也不宜选作苗圃。

1.3 园林苗圃的面积计算

苗圃的总面积，包括生产用地和辅助用地两部分。

1.3.1 生产用地的面积计算

生产用地即直接用来生产苗木的地块，通常包括播种区、营养繁殖区、移植区、大苗区、母树区、引种驯化区等。

计算生产用地面积的依据是：计划培育苗木的种类、数量、规格、要求出圃年限、育苗方式等因素。确定单位面积的产量，即可进行计算。具体计算公式是：

$$P = \frac{NA}{n}$$

式中：P—— 某树种所需的育苗面积；

N—— 该树种的计划年产量；

A—— 该树种的培育年限；

n—— 该树种的单位面积产苗量。

在实际生产中，苗木抚育、起苗、贮藏等工序中苗木都将会受到一定损失，故每年的产苗量应适当增加，一般增加 3%～5%，也就是在计算面积时留有余地。

某树种在各育苗区所占面积之和，即为该树种所需的用地面积，各树种所需用地面积的总和就是全苗圃的生产用地的总面积。

1.3.2 辅助用地的面积计算

辅助用地包括道路、排灌系统、防风林以及管理区建筑等用地。随着市场经济的发展，寸土寸金，宜最大限度地提高土地利用率，但如道路、排灌系统太窄，会影响到栽培管理的正常进行。一般辅助面积宜占苗圃总面积的20%左右。

1.4 园林苗圃的规划设计与建立

1.4.1 园林苗圃规划设计的准备工作

1. 踏勘

由设计人员会同施工和经营人员到已确定的圃地范围内进行实地踏勘和调查访问工作，概括地了解圃地的现状、历史、地势、土壤、植被、水源、交通、病虫害、草害、有害动物、周围环境、自然村的情况等，提出改造各项条件的初步意见。

2. 测绘地形图

平面地形图是苗圃进行规划设计的依据。比例尺要求为1/500～1/2 000；等高距为20～50 cm。与设计直接有关的山、丘、河、井、道路、桥、房屋等都应尽量绘入。对圃地的土壤分布和病虫害情况亦应标清。

3. 土壤调查

根据圃地的自然地形、地势及指示植物的分布，选定典型地区，分别挖取土壤剖面，观察和记载土壤厚度、机械组成、pH值、地下水位等，必要时可分层采样进行分析，弄清圃地内土壤的种类、分布、肥力状况和土壤改良的途径，并在地形图上绘出土壤分布图，以便合理使用土地。

4. 病虫害调查

主要调查圃地内的土壤地下害虫，如金龟子、地老虎、蝼蛄、金针虫、有害鼠类等。一般采用抽样法，每公顷挖样方土坑10个，每个面积0.25 m^2，深40 cm，统计害虫数目、种类。

5. 气象资料的收集

向当地的气象台或气象站了解有关的气象资料，如生长期、早霜期、晚霜期、晚霜终止期、全年及各月平均气温、绝对最高和最低气温、土表最高温度、冻土层深度、年降雨量及各月分布情况、最大一次降雨量及降雨历时数、空气相对湿度、主风方向、风力等。此外还应了解当地小气候情况。

1.4.2 园林苗圃规划设计的主要内容

1. 生产用地的区划原则

(1) 耕作区是苗圃中进行育苗的基本单位。

(2) 耕作区的长度依机械化程度而异,完全机械化的以 200～300 m 为宜,畜耕者 50～100 m 为好。耕作区的宽度依圃地的土壤质地和地形是否有利于排水而定,排水良好时可宽,排水不良时要窄,一般宽 40～100 m。

(3) 耕作区的方向,应根据圃地的地形、地势、坡向、主风方向和圃地形状等因素综合考虑。坡度较大时,耕作区长边应与等高线平行。一般情况下,耕作区长边最好采用南北方向,可以使苗木受光均匀,有利生长。

2. 各育苗区的配置

1) 播种区

应选择全圃自然条件和经营条件最好、最有利的地段作为播种区。要求其地势较高而平坦,坡度小于 2°。接近水源,灌排方便;土质最优良,深厚肥沃;背风向阳,便于防霜冻;且靠近管理区。

2) 营养繁殖区

培育扦插苗、压条苗、分株苗和嫁接苗的地区,与播种区要求基本相同,应设在土层深厚和地下水位较高、灌排方便的地方。嫁接苗区要同播种区相同。扦插苗区可适当用较低洼的地方。珍贵树种扦插则应用最好的地方,且靠近管理区。

3) 移植区

由播种区、营养繁殖区中繁殖出来的苗木,需要进一步培养成较大苗木时,则多移入移植区中进行培育。依规格要求和生长速度的不同,往往每隔 2～3 年还要再移几次,逐渐扩大株行距,增加营养面积。所以移植区占地面积较大,一般可设在土壤条件中等,地块大而整齐的地方。同时也要依苗木的不同习性进行合理安排,如杨柳可设在低湿地区,松柏类等常绿树则应设在较高燥而土壤深厚的地方,以利带土球出圃。

4) 大苗区

在大苗区培育的苗木,体型、苗龄均较大,出圃前不再进行移植,培育年限较长。大苗区的特点是株行距大,占地面积大,培育苗木大。一般选用土层较厚、地下水位较低而且地块整齐的地区。为了出圃时运输方便,最好能设在靠近苗圃的主干道或苗圃的外围运输方便处。

5) 母树区

在永久性苗圃中,为了获得优良的种子、插条、接穗、根蘖等繁殖材料,需设立采种、采条、挖蘖的母树区。本区占地面积小,可利用零散地,但要土壤深厚、肥沃及地下水位较低。对一些乡土树种可结合防护林带和沟边、渠旁、路边进行栽植。

6) 引种驯化区

用于引入新的树种和品种。常选小气候条件较好,而且土壤条件较好的地区。

7) 温室和大棚区

温室和大棚投资较大,但具有较高的生产率和经济效益。在北方可一年四季进行育苗。在南方温室和大棚可以提高苗木的质量,生产独特的苗木产品。该区要选择距离管理区较近、土壤条件好、比较高燥的地区。

3. 辅助用地的设置

苗圃的辅助用地主要包括道路系统、排灌系统、防护林带、管理区的房屋、场地等,这些用地是直接为生产苗木服务的,要求既要能满足生产需要,又要设计合理,减少用地。

1) 道路系统的设置

苗圃中的道路是连接各耕作区与开展育苗工作有关的各类设施的动脉。一般设有一、二、三级道路和环路。

(1) 一级路(主干道):是苗圃内部和对外运输的主要道路,多以办公室、管理处为中心,设置一条或相互垂直的两条路为主干道。通常宽 6～8 m,其标高应高于耕作区 20 cm。

(2) 二级路:通常与主干道相垂直,与各耕作区相连接,一般宽 4 m,其标高应高于耕作区 10 cm。

(3) 三级路:是沟通各耕作区的作业路,一般宽 2 m。

(4) 环路:在大型苗圃中,为了车辆、机具等机械回转方便,可依需要设置环路。在设计苗圃道路时,要在保证管理和运输方便的前提下尽量节省用地。中小型苗圃可不设二级路,但主路不可过窄,一般苗圃中道路的占地面积不应超过苗圃总面积的 7%～10%。

2) 灌溉系统的设置

苗圃必须有完善的灌溉系统,以保证供给苗木充足的水分。灌溉系统包括水源、提水设备和引水设施三部分。灌溉的形式有 3 种:渠道灌溉、管道灌溉和移动喷灌。

(1) 渠道灌溉:土渠流速慢、渗水快、蒸发量大、占地多,不能节约用水。现都采用水泥槽作水渠,既节水又经久耐用。水渠一般分三级:一级渠道是永久性大渠道,一般主渠顶宽 1.5～2.5 m;二级渠道一般顶宽 1～1.5 m;三级渠道是临时性小水渠,一般宽度为 1 m 左右。一、二级渠道水槽底部应高出地面。三级渠(毛渠)应平于或略低于地面,以免把活砂冲入畦中,埋没幼苗。各级渠道的设置常与各级道路相配合,渠道方向与耕作区方向一致,各级渠道相互垂直。渠道还应有一定的坡降,以保证水流速度。一般坡降在 1/1 000～4/1 000之间。水渠边坡一般采用 45°为宜。

(2) 管道灌溉:主管和支管均埋入地下,其深度以不影响机械化耕作为度,开关设在地端使用方便。用高压水泵直接将水送入管道或先将水压入水池或水塔再流入灌水管道。出水口可直接灌溉,也可安装喷头进行喷灌或用滴灌管进行滴灌。

(3) 移动喷灌:主水管和支管均在地表,可进行随意安装和移动。按照喷射半径,以相互能重叠喷灌安装喷头,喷灌完一块苗木后,再移动到另一地区。此方法一般节水 20%～40%,节省耕地,不产生深层渗漏和地表径流,土壤不板结。并且,可结合施肥、喷药、防治病虫害等抚育措施,节省劳力,同时可调节小气候,增加空气湿度。这是今后园林苗圃灌溉的发展方向。

3) 排水系统的设置

排水系统对地势低、地下水位高及降雨量集中的地区更为重要。排水系统由大小不同的排水沟组成。大排水沟应设在圃地最低处,直接通入河湖或市区排水系统。中小排水沟通常设在路旁，耕作区的小排水沟与小区步道相结合。

在地形、坡向一致时，排水沟和灌溉渠往往各居道路一侧，沟、路、渠并列。排水沟与路渠相交处应设涵洞或桥梁。一般大排水沟宽 1 m 以上，深 0.5～1 m；耕作区内小排水沟宽 0.3～1 m，深 0.3～0.6 m。排水系统占地一般为苗圃面积的 1%～5%。

4）防护林带的设置

为了避免苗木遭受风沙冻危害应设置防护林带，以降低风速，减少地面蒸发及苗木蒸腾，创造小气候条件和适宜的生态环境。防护林带的设置规格，依苗圃大小和风害程度而异。一般小型苗圃与主风方向垂直设一条林带；中型苗圃在四周设置林带；大型苗圃除设置周围环圃林带外，并在圃内结合道路等设置与主风方向垂直的辅助林带。防护林的防护范围是树高的 15～17 倍。一般主林带宽 8～10 m，株距 1.0～1.5 m，行距 1.5～2.0 m；辅助林带多为 1～4 行乔木即可。

林带树种应选择在当地适应性强、生长迅速、树冠高大的乡土树种，同时也要注意到与速生和慢长、常绿和落叶、乔木和灌木、寿命长和寿命短的树种相结合，也可结合采种、采穗母树和有一定经济价值的树种，如建材、筐材、蜜源、油料、绿肥等植物。为了防止人们穿行和畜类窜入，可在林带外围种植带刺的或萌芽力强的灌木，减少对培育苗木的危害。苗圃中林带占地面积一般为苗圃总面积的 5%～10%。

5）建筑管理区的设置

该区包括房屋建筑和圃内场院等部分。前者主要指办公室、宿舍、食堂、仓库、种子贮藏室、工具房、车库等；后者指动力场、晒场、堆肥场等。苗圃建筑管理区应设在交通方便，地势高燥，接近水源、电源的地方或不适宜育苗的地方。大型苗圃的建筑最好设在苗圃中央以便于苗圃的经营管理。管理区的面积一般为苗圃总面积的 1%～2%。

1.4.3 园林苗圃设计图的绘制和设计说明书的编写

1. 绘制设计图前的准备

在绘制设计图时，首先要明确苗圃的具体位置、圃界、面积、育苗任务，还要了解育苗种类、培育的数量和出圃规格，确定苗圃的生产和灌溉方式、必要的建筑和设施设备以及苗圃工作人员的编制，同时应有建圃任务书、各种有关的图面材料，如地形图、平面图、土壤图、植被图，搜集有关自然条件、经营条件以及气象方面的资料和其他有关资料等。

2. 苗圃设计图的绘制

在有关资料搜集完整后，应对具体条件全面综合，确定大的区划设计方案，在地形图上绘出主要建筑物的具体位置、形状、大小以及主要路、渠、沟、林带等位置。再依其自然条件和机械化条件，确定最适宜的耕作区的长宽和方向，然后根据各育苗的要求和占地面积，安排出适当的育苗场地，绘出苗圃设计草图。经多方征求意见，进行修改，确定正式设计方案，即可绘制正式图。正式设计图应依地形图的比例尺将建筑物、场地、路、沟、渠、林带、耕作区、育苗区等按比例绘制，排灌方向要用箭头表示，喷灌用喷头表示。在图外应有图例、比例尺、指北方向等。同时各区各建筑物应加以编号或以文字注明。

3. 园林苗圃设计说明书的编写

设计说明书是园林苗圃规划设计的文字材料，它与设计图是苗圃设计不可缺少的两个组成部分。图纸上表达不出的内容，都必须在说明书中加以阐述。一般按总论和设计两个部分进行编写。

1）总论

主要叙述该地区的经营条件和自然条件，并分析其对育苗工作的有利因素和不利因素以及相应的改造措施。

(1) 经营条件

① 苗圃所处位置，当地居民的经济、生产、劳动力情况及对苗圃生产经营的影响。

② 苗圃的交通条件。

③ 电力和机械化条件。

④ 苗圃成品苗木供给的区域范围及发展展望。

(2) 自然条件

① 气候条件。

② 土壤条件。

③ 病虫草害及植被情况。

④ 地形特点。

⑤ 水源情况。

2）设计部分

(1) 苗圃的面积计算

(2) 苗圃的区划说明

① 耕作区的大小。

② 各育苗区的配置。

③ 道路系统的设计。

④ 排灌系统的设计。

⑤ 防护林带及防护系统的设计。

⑥ 建筑区建筑物的设计。

⑦ 保护地大棚、温室、组培室等的设计。

(3) 育苗技术设计

(4) 建圃的投资和苗木成本回收及利润计算

1.4.4 园林苗圃的建立

园林苗圃的建立，主要指兴建苗圃的一些基本建设工作，其主要项目是房屋、温室、大棚、路、沟、渠的修建，水电、通讯的引入，土地平整和防护林带及防护设施的修建。房屋的建设和水电通讯的引入应在其他各项建设之前进行。

1. 房屋建设和水电、通讯引入

近年来为了节约土地，办公用房、仓库、车库、机械库、种子库等尽量建成楼房式，少占平地，多用立体空间，最好集中一地兴建。水、电、通讯是搞好基建的先行条件，应最先安装引入。

2. 圃路的施工

施工前先在设计图上选择两个明显的地物或两个已知点，定出主干道的实际位置，再以主干道的中心线为基线，进行圃路系统的定点放线工作，然后方可进行修建。圃路的种类很多，有土路、石子路、灰渣路、柏油路、水泥路等。一般苗圃的道路主要为土路，施工时由路两侧取土填于路中，形成中间高两侧低的抛物线形路面，路面应夯实，两侧取土处应修成整齐的排水沟。其他种类的路也应修成中间高的抛物线形路面。

3. 灌水系统修筑

先打机井安装水泵，或泵引河水。引水渠道的修建最重要的是渠道的落差应符合设计要求，为此需用水准仪精确测定，并打桩标清。修筑明渠按设计的渠宽度、高度及渠底宽度和边坡的要求进行填土，分层夯实，筑成土堤。当达到设计高度时，再在堤顶开渠，夯实即成。为了节约用水，现大都采用水泥渠作灌水渠。修建的方法是：先用修土渠的方法，按设计要求修成土渠，然后再在土渠沟中向四下挖一定厚度的土出来，挖的土厚与水泥渠厚相同，在沟中放上钢筋网，浇筑水泥，抹成水泥渠，之后用木板压之即成。若条件再好的话，可用地下管道灌水或喷灌，开挖 1 m 以下的深沟，铺设管道，与灌水渠路线相同。移动喷灌只要考虑到控制全区的几个出水口即成。

4. 排水沟的挖掘

一般先挖向外排水的总排水沟。中排水沟与道路边沟相结合，修路时已挖掘修成。小区内的小排水沟可结合整地挖掘，也可用略低于地面的步道来代替。要注意排水沟的坡降和边坡都要符合设计要求(坡度 3/1 000～6/1 000)。

5. 防护林的营建

用大苗交错成行栽植，株行距要按要求进行。

6. 土地平整

按整个苗圃土地总坡度进行削高填低，整成具有一定坡度的圃地。

7. 土壤改良

在圃地中如有盐碱土、砂土、重粘土或城市堆垫土等，应在苗圃建立时进行土壤改良工作，对盐碱地可采取开沟排水，引淡水冲盐碱。轻度盐碱可采用多施有机肥料、及时中耕除草等措施。对重粘土则应用掺砂的办法来逐年进行改良，对城市堆垫土应全部清除填好土。

2 园林树木的种子生产

园林树木种子是育苗的物质基础，多数园林树木都以种子繁殖为主，因此种子的质量和数量对育苗和绿化的效果都有很大的影响。要使苗木生产达到“优质、高产、高效”，就必须使用良种来育苗，良种是树木速生丰产的先决条件，也是生态园林建设的基本保证。

良种即遗传品质和播种品质都优良的种子。遗传品质指用这样的种子繁殖的后代，能够保持并表现出原速生、丰产、优质、干型通直圆满、树冠开展、抗病性强等特点。播种品质具有种子纯净、饱满、千粒重大、发芽率高、生活力强等特点。遗传品质的优良程度主要取决于母树的遗传性；而播种品质的优良程度除了受母树的遗传性状影响外，还与母树的生长环境、种子经营状况及种子的生产水平有关，如采种时间、调制方法、贮藏条件等。因此在讲述园林树木的繁殖方法之前，先要讲讲其种子的生产。

2.1 园林树木的结实规律

2.1.1 园林树木的结实年龄

树木包括乔木和灌木，都是多年生、多次结实的植物（竹类除外）。树木从种子萌发到长成植株，当它生长发育到一定的年龄阶段就要开花结实，一直到衰老死亡，这中间要经过若干不同的量变到质变的过程。根据阶段发育理论，将木本植物的生命周期分为5个时期：种子时期（胚胎时期）、幼年时期、青年时期、成年时期和老年时期。对每个树种而言，每个时期开始的早晚和延续的时间长短都不同。同一树种在不同的环境条件影响下，其各个时期也有一定的延长和缩短。由此可见，树木开始结实的年龄，除了受年龄阶段的制约外，还取决于树木的生物学特性和环境条件。

不同的树种，由于生长、发育的快慢不同，开始结实的年龄也不同。一般喜光的、速生的树种发育快，开始结实的年龄也小。反之，耐阴、生长速度慢的树种开始结实的年龄较大。乔木与灌木相比，乔木开始结实的年龄大，灌木开始结实的年龄小，如紫穗槐、胡枝子2～3年就可以开花结实。

同一树种，由于起源和环境条件不同，开始结实的年龄也不一样。萌生林以及用营养繁殖苗营造的人工林比实生林开花结实要早，例如栓皮栎实生人工林7～9年开始结实，萌生人工林5年即可开始结实。生长在环境条件好的比生长在环境条件差的母树开花结实早，如孤立木光照条件充足，营养面积大，开始结实的时间比林木早。在山区阳坡比阴坡结实早。土壤养分、水分条件好的地方比条件差的地方结实早。

需要指出的是，有些极端特殊的情况也会使林木过早结实。例如，生长在特别干旱瘠薄的土地上的母树或遭到火烧、机械损伤、病虫危害的母树会提早结实。这不是正常现象，所结的种子，质量也差。所以，在经营的母树林内应该设法避免这种现象的发生，也不要在这样的树上采种应用。

掌握了树木开始结实年龄的变化规律后，就可以通过改善母树林的环境条件，如光照、土壤条件，来达到早结实的目的。

2.1.2 园林树木结实的大小年现象和间隔期

从理论上讲，树木开始结实后，它的结实量应该是逐年增加的，到了一定的年龄阶段结实量就应稳定在一定水平上，保持相当长的一段时间，结实量才开始下降。但实际情况并不是这样，树木进入结实期以后，因受各种因子的影响，每年结实量的多少差异很大，有的年份结实量多，有的年份结实量中等，有的年份结实量很小，甚至不结实。我们把结实量多的年份叫丰年或大年，结实量中等的年份叫平年，结实量小或不结实的年份叫欠年或小年。把树木结实丰年和欠年交替出现的现象叫树木结实的大小年现象(结实周期性)。相邻两个丰年之间的间隔年数叫间隔期。如核桃、板栗结实都有大小年现象。

树木结实大小年现象产生的原因，一般认为主要是营养不足造成的，其次与环境条件有关。已经开始结实的树木，每年结实量的大小首先取决于开花的多少，花开多少又取决于上一年花芽形成的多少。花芽形成的多少受营养状况的控制。营养状况好，形成的花芽就多；否则，形成的花芽就少。在丰年，光合作用的产物大部分被果实的发育所消耗，这样就造成了花芽分化期营养不足，花芽分化晚，不能形成足够数量的花芽。即使形成了花芽，也会因营养不足，发育不充分，使来年不能受粉结实造成欠年。另外，在大量结实的年份，不仅消耗当年合成的营养物质，还会消耗树木体内以前贮藏积累的营养物质。结实越多，积累的营养物质被消耗的也就越多，这样，母树补充被消耗的营养物质的时间也就越长，因而导致树木结实的间隔期也就越长。

导致树木结实大小年现象的第二个因素是树木生活的环境条件。环境条件包括的内容很多，如气候条件(光、热、水、风)好、土壤肥沃，结实就多，间隔期也短。环境因子影响树木结实大小年现象的实质，还通过影响树木的营养状况来影响树木的结实。另外，一些灾害因素如大风、霜冻、冰雹、病虫害等也会使树木结实产生间隔期。

从上述原因可以看出，树木结实周期性并不是树木固有的本性，也不是必定的规律，起主导作用的是树木体内的营养状况。为了消除或缩短间隔期使树木连年结实丰产，就要为母树林创造良好的环境条件，加强抚育管理，改善母树的营养状况，防止或消除自然灾害的发生，保证营养生长和结实的正常关系，通过松土、施肥、灌水、修枝等措施，完全可以使树木连年结实或缩短结实的间隔期。

2.1.3 影响园林树木结实的因子

1. 母树的年龄及生长发育状况

在正常情况下，母树初期结实量少，而且空粒、瘪粒较多。但是，用这个时期的种子培育成的幼树可塑性大，适应性强，这在引种驯化上有着特殊的意义。随着母树个体的生长发育，结实量逐渐增加，质量也随之提高。到了成年时期，结实数量、质量达到高峰。这个时期能维持相当长的一段时间，这是采种的重要时期。当母树到了衰老期，结实数量逐渐减少，质量也逐渐下降，用这个时期的种子繁殖的苗木适应性差，抗性也差，生长缓慢。

2. 气候条件

气候条件包括温度、光照、降水、风等因子，这些因子共同作用于树木。一个地区的气候条件如果对某树种的生长发育有利，也就是说树种在它适生的地区，那么其丰年出现频率就高。例如毛白杨，它的适生地区是河南开封地区，毛白杨在开封地区基本上年年结实，而且结实量大。毛白杨生长的地区距离开封地区越远，结实量就越少。

1）温度

气候条件不仅会影响树木结实量，而且对质量也有很大影响。同一树种，生长在温暖地区，由于生长期长，积累营养物质多，这对种子的发育有利，容易形成粒大而饱满的种子。在寒冷地区，尤其在开花、种子发育期间温度低，一般表现为种粒小，空粒多，瘪粒偏多。例如马尾松种子，在广东茂名，年平均气温为 23.5℃，种子千粒重是 13.78 g。在贵阳，年平均气温为 15.6℃，种子千粒重为 11.69 g。温度降低 7.9℃，千粒重下降 2.09 g。侧柏在山西霍县千粒重为 16.98 g，在河南龙门为 24.03 g。树木在开花期，如遇上低温、阴雨天，则会推迟开花，使授粉不良，还会使大量花蕾死亡。如果在果实发育期遇上低温，果实发育慢，种粒不饱满或根本就不能成熟。

2）光照

光是树木生活不可缺少的。树木通过光合作用制造营养物质。充足的光照可以提高温度，使光合作用旺盛。制造的营养物质多，树木生长发育就快，这不仅可以使树木早结实，而且还能提高结实的数量和质量。在山区，阳坡、半阳坡比阴坡结实早，结实量大，质量好。据浙江省林科所的资料，23 年生杉木人工林，在南偏东坡向上采集的种子比西偏北坡向上采集的种子发芽率高 28%，发芽势高 27%，千粒重大 7%，产种量高 61%。就是同一株母树，由于树冠的各个部位受光程度不同，结实也有差异。例如树木树冠中、上部及阳面比树冠的下部及阴面结实多。

3）降水

正常而适宜的降水，使树木生长健壮，发育良好，结实正常。但如果春季开花季节连续下雨而降低气温，会妨碍花粉发芽，同时雨水冲走花粉而影响授粉；夏季多雨，长时间连续阴天，温度低，则会推迟种子的成熟期，影响种子的产量和质量；如果夏季过于干旱炎热又常造成落果；暴雨和冰雹更会影响结实，甚至造成欠年。

4）风

微风有利于授粉；大风则会吹掉花朵和幼果，影响结实。

3. 土壤

树木生活所必需的养分、水分大部分来源于土壤。土壤的水分及养分状况直接影响树木的生长、发育状况，也就是说，生长在肥沃湿润、排水良好的土壤上的树木生长发育得好，结实多，质量好；反之，结实少，质量差。

4. 生物因素

许多树木的结实常常在花期或种子成熟过程中，遭受病、虫、鸟、兽、鼠、真菌等危害，从而造成减产甚至颗粒无收。例如橡栎类种子常遭象鼻虫的侵害，松毛虫吃掉松针，鼠类常窃食和破坏针叶树的球果以及其他坚果。有些危害不仅影响当年结实，而且对第二年结实也有很大影响。鸟类对樟树、檫木、黄连木等多汁果实的啄食都会影响树木的结实。在城市及公共绿地也常因人、畜、车的危害而影响结实的产量和质量，同时也因不合理的采种方法，如采种时不注意保护母树，为图方便，连同大枝一起砍下，严重地损害了母树的生长和以后的结实，也会延长结实的间隔期。

5. 开花授粉习性

树木的开花授粉习性也影响到结实状况，比较明显的是某些树种的花期不遇，雌雄异熟现象。如鹅掌楸为两性花，但很多雌蕊在花蕾尚未开放时即已成熟，到花瓣盛开、雄蕊散粉时，柱头已经枯萎，失去接受花粉的能力，故结实率不高。薄壳山核桃在南京由 5 月上旬至 6 月上旬都有花开，但每一单株的花只有 4～5 d，且多数雄花先开，散粉完毕后，雌花还未呈现可孕状态，故授粉困难。雪松的雄花比雌花早开 1 个月左右，花期不遇，授粉困难，而且雌雄球花着生的部位也不利于授粉，一般雌花生于树冠上中部，雄花生于中下部，花粉粒又大又重，飞翔力低，也是授粉困难的原因之一。因而，对于这些树种最好实行人工授粉，以保证结实。

2.2 种实的采集与调制

2.2.1 种实的采集

为了取得优质高产的树木种子，必须适时采种。种子青秕尚未成熟，品质低劣，不耐贮存；采集过晚，种子脱落、飞散或遭虫、鸟、兽等危害，降低种子的产量和质量，所以必须掌握适时采种。

1. 种子成熟

种子的成熟就是受精的卵细胞发育成具有胚根、胚轴、胚芽、子叶的完整的种胚过程。在种胚各个器官形成的同时，种子内部不断地积累营养物质，保证种胚生活及种子发芽所必需的贮存物质。种子成熟包括生理成熟和形态成熟两个过程。

1）生理成熟

种子在成熟过程中，当内部的营养物质积累到一定程度，种胚具有发芽能力时叫生理成熟。生理成熟的种子含水量高，内部营养物质处于易溶状态，种皮不够致密，没有完全具备保护种仁的特性，因而不易防止水分的散失，内部易溶物质也容易渗出种皮，成为微生物的培养基。如果这时采种，采集后种仁易收缩，种粒不饱满，不易贮藏，易丧失发芽能力，因此多数种子不在此时采种。但对一些休眠期较长的树种，如椴树等可采用生理成熟的种子，采种后立即沙藏或播种，这样可缩短种子的休眠期。

2）形态成熟

当种子完成了种胚的生长发育过程，在种实的外部形态上显示出成熟的状态时称为形态成熟。这时营养物质由易溶状态转为难溶的脂肪、蛋白质、淀粉等。由于种子的种皮致密、坚实、含水量减少，呼吸微弱，为长期贮存种子创造了条件，一般应在此期间进行采种。

大多数种子先生理成熟，经过一段时间才达到形态成熟，如松树、柏树、榆树种子。也有一些种子的生理成熟和形态成熟几乎一致，相差时间很短，如杨树、柳树等，当种子达到生理成熟后，种子就自行脱落，故要注意及时采收。还有少数种子，生理成熟在形态成熟之后，如银杏种子，在种子达到成熟时，假种皮呈黄色变软，由树上脱落，但此时的胚很小，还未发育完全，只有在采收后，再经过一段时间，种胚才发育完全，具有正常的发芽能力，这种现象称为生理后熟。生理后熟的种子，采种后不能立即播种，必须经过适当条件的贮藏，才能正常地发芽。

种子的成熟决定于树种的生物学特性、立地条件和结实年度的气候状况。不同树种，不同的地区和不同的气候条件，种子成熟期不同。即使同一树种，生长地区越往南，成熟期愈早；同一地区，同一树种，生长在阳坡比生长在阴坡的树木种子成熟早；天气干旱的年度，种子成熟早，反之则晚。

2. 确定种子成熟的方法

种子的成熟期，通常可以根据果实外部特征来确定，一般果实在达到成熟时，果皮多由绿色变为深暗的颜色，荚果、蒴果、翅果等果皮多由绿色变为褐色。同时含水量降低，果皮紧缩变硬，如刺槐、合欢、枫杨、卫矛、海桐等。球果类果鳞干燥，硬化，如油松、侧柏、白皮松等变为黄褐色。壳斗科的树种壳斗则变为灰褐色，同时种子饱满、坚韧，种皮有一定色泽。

确定种子成熟的方法除了由形态特征来区别外，还可以用简单的物理方法来检验，如小粒种子除去杂质进行压磨或火烧，若种粒饱满，压后无浆，出现白粉或用火烧时有爆破声即证明种子成熟；白粉末多，爆破声也大说明种子的纯度高，成熟好。对较大粒种子，可用刀切开观察，如胚乳（或子叶）坚实，切时费力则已成熟；如胚乳（或子叶）呈液状或乳状则说明种子未成熟。

3. 种子的脱落和采种期

种子成熟后，就逐渐从树上脱落。因树种不同，种子脱落方式和脱落期是不同的，在确定采种期时，应根据不同树种种子脱落的特点，掌握以下原则：

(1) 一般长时期不脱落的种子，如刺槐、国槐、合欢、苦楝、臭椿、悬铃木、女贞、樟、楠等可以延长采种期，但不能延迟太久，以免长期挂在树上而降低种子质量。

(2) 对于成熟后立即脱落，随风飞散的小粒种子，如杨、柳、榆等，在脱落前必须采集，否则将采不到种子。

(3) 成熟后立即脱落的大粒种子，如七叶树、板栗等，可等种实脱落后立即从地面上收集。

(4) 形态成熟后，果实虽不马上开裂，但种粒小，一经脱落则不易采集，这类种子也应在脱落前采集，如杉木、马尾松、湿地松、桉树等。

4. 采种方法及常用采种工具

1) 采种方法

树木的采种方法，目前仍以人工采集为主，根据种实的大小、种子脱落的方式和时间可分为以下几种：

(1) 地面收集：适用于种实成熟后，在脱落过程中不易被吹散的大粒种实，如橡栎类、板栗、核桃、七叶树、油桐、油茶等，采种前将地面杂草等清除干净，以便于拾取。

(2) 从植株上收集：这是最常用的方法，一般用高枝剪或采种钩采种，适用于果实不易脱落的高大植株，如油松、白皮松、臭椿等。竿击采种适用于果实易落的高大植株，如山桃、黑枣等。手摘或剪枝剪适用于花灌木等植株较矮的树种。对植株特别高大的树种，可用木架绳索、脚蹬、阶梯等采种工具协助上树采种，在国外多用各种采种机进行采种。采种时应注意，首先要保护母树不受损伤，维护风景区或绿地景观，同时要保证采种人员和游人的安全，对枯枝落叶也要清扫干净，保持整洁。

(3) 从伐倒木上采种：结合采伐工作进行采收种子是最经济的方法。但要注意成熟期和采伐期一致时才能采取此法，如椴树、白蜡等。

(4) 从水面采收：一些生长在水边的树种，如赤杨、榆树等，种子脱落后常漂在水面上，因而可在水面收集。

2) 采种工具

我国的树木采种机具较少，使用不普遍，各地多采用手工操作的简单工具(图 2-1)。近几年，各省市的林木种苗部门为使“良种壮苗”落到实处，正着力改进和使用采种机具，以提高采种工效和采种质量。

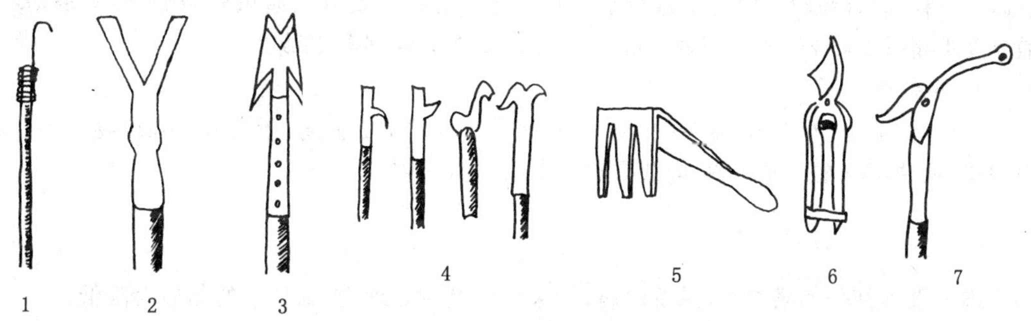

图 2-1 采种工具

1. 采种钩 2. 采种叉 3. 采种刀 4. 采种钩镰 5. 球果梳 6. 剪枝剪 7. 高枝剪

比较而言，世界上某些发达国家使用机具采种较为普遍。如美国和一些欧洲国家，多年来使用震动式采种机采集球果，在瑞典使用轻金属制造的连接式登树梯进行采种，在美国等国家也有类似的装备，如采用吸摘器、采种升降机等。

2.2.2 树木种实的调制

采种后应尽快加以处理，种子堆放过久容易发热霉烂和使病虫害蔓延，降低种子品质。种子调制是获得纯净、优良种子以及使于安全贮藏，防止种子变质的必要工序。种子调制的内容包括脱粒、净种、干燥、分级等工序。果实采回后，里面夹有很多小枝、果皮、叶片、土块等，首先要将种子摊开，防止生热、发霉影响种子发芽，然后捡出枝、叶等夹杂物，再进行调制工作。

我国的树种种类繁多，为了调制工作方便，一般把种实脱粒特点相近、可以采用相似调制方法的种实归为一类，分为干果类、肉质果类、球果类。

1. 干果类的调制

干果类指蒴果、荚果、坚果、翅果等，这类种子需去掉果皮、果翅，取出种子，清除各种碎枝、残叶等杂物。调制方法因含水量高低不同而异，含水量高的一般不宜在阳光下曝晒，应采用阴干法；而含水量低的种子，可直接在太阳下晒干，称为阳干法。因果实构造不同，具体方法各异。

1）蒴果类

含水量低的蒴果，如丁香、紫薇、金丝桃、木槿和香椿等可直接在阳光下晒干脱粒、净种，对种粒比较小的杨、柳树种应采集后立即放入干燥室进行干燥，经 3～5 d，当大多数蒴果开裂后，即可用柳条抽打，使种子脱粒、过筛、精选。对小叶黄杨等易丧失发芽力的种子，多采用阴干法进行脱粒，然后妥善处理。

2）荚果类

如刺槐、合欢、紫荆等一般含水量较低，采后的果实经过晾晒、风干，用木棒敲击，种粒即可脱出。对不易开裂的果荚如皂荚、紫藤等可以碾压、锤砸取出种子。

3）坚果类

一般含水量较高，如板栗、橡栎类，在日光下晒，容易失去发芽力，采后要堆放在阴凉处，然后进行粒选（蛀粒较多时还要进行水选），粒选后的种子要放在通风处阴干，经常翻动，堆铺厚度不超过 20～25 cm。当种实湿度达到要求时，即可进行贮藏。

4）翅果类

如白蜡、臭椿、元宝枫、槭树、榆树、杜仲等种子处理不必去翅，干燥后清除杂物即可。其中榆树、杜仲不宜在阳光下晒，应放在通风背阴处摊薄阴干。

2. 肉质果类的调制

肉质果含糖分和果胶多，易发酵腐烂，采后要及时处理，否则种子的品质会降低。

(1) 海棠、杜梨等种粒细小而果肉较厚，可将果实堆积变软后碾压，漂洗即得净种。

(2) 核桃、山桃、山杏、贴梗海棠等除采用堆积变软后水洗的方法外，也可用人工剥离取出种子。

(3) 桑树等果肉粘稠，必须经水浸、搅拌、漂洗后才可得到净种。

少数松柏类具胶质种子，系因假种皮富含胶质，光用水洗不能使种子与假种皮分离，如桧柏、三尖杉、榧树等种子，可用木棒捣碎果肉，然后用水冲洗，得到纯净种子或用苔藓加细石与种实一同堆起来，然后揉搓，除去假种皮，再干燥后贮藏。

一般能供食用的肉质果类，如苹果、梨、桃等，可以从果品加工厂中取得，该种子应经过45℃以下的冷处理，才能供育苗使用。另外，肉质果中取出的种子，一般含水量较高，应立即放到通风地方阴干，几天后当种子含水量达到一定要求时，即可播种、贮藏或运输。

3. 球果类的调制

球果类的脱粒，首先要经过干燥，使球果失去水分，鳞片反曲开裂，种子即脱出。干燥球果的方法有两种,一种是自然干燥法,另一种是人工干燥法。

1) 自然干燥法

自然干燥法是利用阳光曝晒,使球果干燥开裂,种子脱出。这种方法在生产上应用很广,如侧柏、柳杉等树种。

球果采集后,可选择向阳、通风、干燥的地方,在席子上或场院里曝晒。在干燥的过程中应经常翻动,这样经过 3~10 d 球果即可开裂,大部分种子可以自然脱出,其余未脱净的种子用木棒轻轻敲打,种子即可脱出,然后进行净种,即得纯净种子。

自然干燥法处理球果不会因温度过高而降低种子的质量,但常受天气变化的影响,干燥速度较慢,因此当调制大量球果或难开裂的球果时,常常不能满足工作上的需要。

2) 人工干燥法

有些地区气温低、湿度大或因天气的影响,干燥的球果数量多,又需及时脱粒,光靠自然干燥不能满足需要,而用人工干燥法能大大提高工作效率。

人工干燥法常因干燥室温度掌握得不合适而降低了种子的发芽率。不同的树种,干燥过程中所要求的温度也不一样。除温度掌握好以外,还有空气湿度。球果越干燥,球果失水开裂的速度越快,因此干燥室要经常通风,排除湿空气。另外在干燥球果前必须先进行预干,否则会降低种子的质量。

国外许多国家有现代化的干燥器,保证球果干燥的速度快,脱粒净。从球果取出种子到净种、分级等均采用一整套机械化、自动化设备,大大提高了种子调制的速度。

4. 净种的方法和种子分级

1) 净种方法

净种就是使种子纯净,不含有磷片、果皮、果柄、空粒、废种子等夹杂物。净种工作做得越细致,种子的纯度越高,越有利于种子的贮藏和播种工作。

根据种子的大小和夹杂物的情况,净种的方法分为风选、水选、筛选 3 种形式。风选和水选可清除比种子轻的夹杂物,筛选可清除大于种子的夹杂物。净种后,要适当干燥,按种子的性质,有些种子可在太阳下晒干,而有些种子要放在通风的地方进行阴干。

2) 种子分级

种子质量的优劣深受生产者、经营者、使用者和种子管理部门的关注。在商贸交易中,不同质量的种子应有不同的价格。划分出种子质量等级,按质量取价或不予使用,既体现了交易的公平,又能避免生产上的经济损失。为此目的,我国曾制定并实施了 GB7908—1987《林木种子》,在此基础上,又由国家林业局提出、国家质量技术监督局发布了 GB7908—1999《林木种子质量分级》(修订标准)。在该修订标准中,将种子质量分为三级,以种子净度与发芽率(生活力或优良度)和含水量的指标划分等级,并适用于育苗、造林绿化及国内、国际贸易的乔木、灌木种子,尽可能地满足经济交流和种子生产使用的需要。实验证明:种子级别越高,播种后长成的苗木则越壮;若将同级的种子进行播种,则出苗整齐,生长均匀,苗木分化现象少。可见,种子分级对苗木生产也具有重要意义。

3) 出种率

调制后的种子,经过精选后就可以计算出种率:

$$出种率(\%)=\frac{纯净种实重量}{初采种实重量}\times 100\%$$

5. 种子登记

为了保证种子质量并合理使用种子，应将处理后的纯净种子进行分批登记，以作为种子交易、使用和贮藏的依据。采种单位应有总册备查，各类种子在交易、贮藏和运输时应附有种子登记卡片(表2-1)。

表2-1 种子登记表

树种		科名	
学名			
采集时间		采集地点	
母树情况			
种子调制时间、方法		种子数量	
种子贮藏方法、条件			
采种单位		填表日期	

2.3 种子的贮藏和运输

2.3.1 种子贮藏的目的

多数树木的种子都是秋季成熟，经过一个冬季的贮藏，到第二年春天进行播种，也有一些树种结实有周期性，为了保证完成每年的育苗任务，就要在丰年多采些种子进行贮藏，以备欠年之用。贮藏种子的目的是为了保证种子在贮藏期间，能最大限度地保持种子的发芽率，延长种子的寿命，以适应生产之需。

2.3.2 保持种子生活力的原理

种子成熟后，大部分树木的种子尚未脱落前，种子就进入了休眠状态，一直延续到遇有萌芽条件为止。贮藏期间种子是处于休眠状态的，休眠状态的种子其内部的生理、生化作用仍在继续进行，但极其缓慢。首先表现在微弱的呼吸作用，呼吸作用实际上是一种氧化作用，是在细胞中进行释放能量的过程。呼吸作用要消耗贮藏的营养物质，同时种子内部的化学成分也相应地发生变化。呼吸作用进行得越强，贮藏物质消耗越多，种子重量减轻得越快，发芽率就降低，当贮藏物质完全消耗掉，种子就会死亡。所以，人为地控制种子的呼吸作用，使种子的新陈代谢活动处于最低限度是保证种子品质不因贮藏而显著降低的关键。

种子在长期贮藏中，发生自然衰老现象，即种子生理活动能力降低，致使种子的发芽率和发芽势下降，不只是消耗营养物质的问题，还有酶的变性、蛋白质凝固、有毒的代谢物质积累和种胚细胞核逐渐老化等。

因此，贮藏期间保持种子生活力的关键，就是要根据不同树种和品种的不同要求，创造最适宜的环境条件，控制种子的呼吸作用，使之处于最微弱的情况下，并设法消除导致种子变质的一切因素，才能最大限度地延长种子生命，完成种子贮藏的任务。

种子的寿命在通常情况下指种子保持生命力的时间，这是一个相对的概念。种子寿命的长短依树种不同而异，如豆科的刺槐、皂荚种子，种皮致密，透水性差，寿命比较长；而杨、柳、榆的种皮膜质，容易透水、透气，寿命短。这说明决定种子寿命长短的因素，首先是树木的遗传特性，其次是贮藏时的环境因子，如温度、湿度、入库前种子的成熟度、净度、种子所受机械损伤程度等等，只有在这些条件都控制好的情况下，种子的寿命才能得以延长。

1. 影响种子生活力的内在因素

1）种子的成熟度

未充分成熟的种子，种皮薄，不具备正常保护机能，易溶物质转化为贮藏物质还不充分，含糖量高，含水量也高，呼吸作用强，容易受霉菌的感染，不耐贮藏，因此在采种时，切忌掠青。另外，在调制过程中，破碎和受伤的种子多，种皮受损使氧气进入种子内部，加速了呼吸作用，同时微生物也易侵入，因此寿命缩短。为保证种子贮藏安全，应及时净种去杂。另外，经过浸种或处理过的种子不宜贮藏。

2）种子的生理解剖性质

不同树种的生理解剖性质不同，其寿命也不同。种子的寿命与种子的内含物质有关，一般含脂肪、蛋白质多的种子寿命长，如豆科及松属植物；含淀粉多的种子寿命较短，如壳斗科植物。这是因为蛋白质和脂肪产生的热量高。据研究，1 g 脂肪产热 38.9 kJ，1 g 蛋白质产热 22.6 kJ，而 1 g 淀粉只能产生 17.2 kJ 的热量，由此看出种胚中蛋白质、脂肪含量越高，贮藏时维持种子的寿命越长。另外，豆科植物，如刺槐、皂荚等种皮致密，不易透水、透气，也利于种子生活力的保持。

3）种子含水量

种子在贮藏期间，其含水量的多少，直接影响着呼吸作用，也影响种子表面微生物的活动，从而影响种子的寿命。

据研究，松柏种子从含水量 8%增加到 13.8%，呼吸强度增加 9 倍。当杨树种子的含水量在 10%以上时，会很快地丧失生命力；当含水量降到 8%时，经 10 个月的贮藏，发芽率只降低 10.2%；含水量继续下降至 5%时，则发芽率降低仅 5.3%。可见，种子的含水量过高会使种子很快地失去生活力。但不是所有的种子都是含水量越低越好，如麻栎种子，含水量降至 30%以下，油茶种子含水量降至 24%以下，种子变质，发黑，显著地降低发芽率。因此，贮藏的种子必须保持合适的含水量，要因树种不同而异。

种子含水量高时，意味着种子中出现了大量的游离水，酶的活性增强，种子的呼吸强度加大，消耗大量营养物质，缩短了种子的寿命。如果呼吸作用所释放的水、二氧化碳和热量不能及时排出，种子会发生“自热”霉烂和种子变质。

当种子的含水量低时，水分的主要部分处于胶体结合状态，称为胶体结合水，胶体结合水基本上不移动，几乎不参与代谢活动，并且在低温条件下也很少结冰。酶在缺少水分的条件下也处于吸附状态，缺乏水解能力，因而含水量低的种子，呼吸作用很微弱，能长期保持种子的生命力。

贮藏期间，含水量多大合适？为此提出了“种子安全含水量”也称“种子标准含水量”的概念：即是种子贮藏时，维持种子生命力所必需的含水量。高于安全含水量的种子，由于新陈代谢作用旺盛，不利于长期保持种子的生命力。低于安全含水量的种子则由于生命活动无法维持而引起死亡。不同树种，其标准含水量不同（表 2-2）。

表 2-2　常见树木种子标准含水量　　（单位：%）

树　种	标准含水量	树　种	标准含水量	树　种	标准含水量
杉　木	10～12	白　榆	7～8	椴　树	10～12
椿　树	9	马尾松	7～10	皂　荚	5～6
白　蜡	9～13	云南松	9～10	刺　槐	7～8
元宝枫	9～11	杜　仲	13～14	复叶槭	10
侧　柏	8～11	杨　树	5～6	麻　栎	30～40

2. 影响种子生活力的环境条件

1）温度

贮藏期间，温度过高过低都对种子有致命的危害。温度较高时，酶的活性增强，加强了呼吸作用，加速了贮藏物质的消耗，缩短了种子的寿命。当温度升至 50～55℃时，种子呼吸强度下降；温度达到 60℃，而且持续时间较长时，蛋白质凝固，危害种子生命，引起死亡。对多数种子，低温可以延长种子的寿命，但温度过低，含水量高的种子会引起种子内部水分结冰，造成生理机能的破坏，种子死亡。

种子对高温或低温的抵抗能力因树种本身的含水量不同也发生变化。含水量低的种子，细胞液浓度高，抵抗严寒和酷热的能力强，在各种温度情况下，干种子的呼吸强度变化不明显，而含水量高的种子随温度的升高，呼吸强度起初是直线上升，当温度升高到某极限时（一般是 50～60℃），呼吸强度则急剧下降（图 2-2），结果便是原生质结构陷于紊乱，蛋白质解体，种子死亡。由此可见，贮藏时应当尽可能使种子处于较低的温度。一般种子贮藏的适宜温度为 0～5℃范围之内。

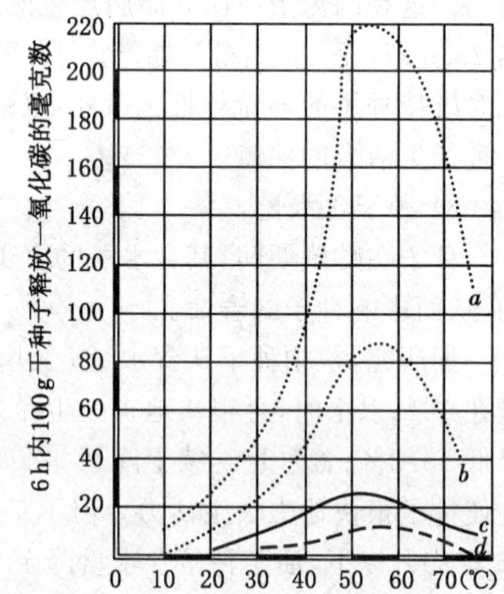

图 2-2　温度对不同含水量种子呼吸强度的影响

含水量：*a*—22%　*b*—18%　*c*—16%　*d*—14%

目前我国已采用现代化的空调种子库，使长期贮藏种子成为现实。但在当前，多数地区还不能建成现代化的种子库，还应及时地检查种子堆的温度状况，可适当地降低种子含水量，加强管理，保障种子的安全。

2）湿度

种子是一种多孔毛细管胶质体，具有很强的吸湿性能，并能从空气中直接吸收水汽。所以空气相对湿度越大，种子的含水量也就越高，对种子的寿命影响就越大。

种子吸湿性能的大小,因树种而异,不同树种、种子的化学成分和种皮结构不同,种子的吸湿性能也不同。一般的种皮薄,透性强,吸湿性能大,反之吸湿性能就小。在种子的各种成分中,蛋白质吸湿能力最强,淀粉和纤维素次之,脂肪几乎不从空气中吸收水分。脂类属于非亲水性物质,所以含油多的种子吸湿性最低。种子的这种吸湿性能,能使干燥的种子在空气相对湿度增大的情况下,提高种子的含水量,加强了种子的呼吸作用,不利于种子贮藏。因此在贮藏前,要对种子进行适当干燥。贮藏期间相对湿度为50%~60%,对树种较安全。

3) 通气条件

通气在于加强种子堆内的气体交换。通气对生活力的影响决定于种子的含水量,含水量低的种子,呼吸作用极微弱,需氧少,在密封条件下能长时间地保持生命力。含水量高的种子,呼吸作用强烈,如果停止空气流通,呼吸作用产生的CO_2、H_2O等排不出去,长此下去,种子堆内由有氧呼吸转为无氧呼吸,产生大量的酒精,使种子很快地发霉、变质。因此,含水量较高的种子贮藏时,要适当地通气,保证供给种子必要的氧气。

4) 生物因子

在贮藏期间,影响种子寿命的生物主要是微生物、昆虫、鼠类等。微生物的大量增殖会使种子变质、霉烂,丧失发芽力。一般种子含水量在12%以下,微生物很少活动。种子含水量超过18%~20%,微生物会很快地繁殖起来,因此贮藏期间降低种子的含水量是控制微生物活动的重要手段。贮藏期间,昆虫的生长、发育,以及鼠类的存在对种子的危害都非常大,必须加以考虑。

由此可见,影响种子生命力的贮藏因素是多方面的,温度、湿度、通气3项条件之间是相互影响、相互制约的。其中种子含水量是影响种子贮藏效果好坏的主导因子,因此贮藏时,必须对种子的特性、环境条件进行综合分析,采取适宜的贮藏方法,才能较好地保持种子的生活力。

2.3.3 种子贮藏方法和运输

1. 种子的贮藏方法

根据种子的性质,可将种子的贮藏方法分为干藏法和湿藏法。

1) 干藏法

干藏法就是将干燥的种子贮藏于干燥的环境中,凡是含水量低的种子都可以采用此法。

(1) 普通干藏法:该方法对大多数树木种子都适用,但有些在自然条件下贮藏很快就丧失生命力的种子除外。具体方法:将干燥、纯净的种子装入袋、桶、箱等容器内,放在经过消毒的凉爽、干燥、通风的贮藏室、地窖、仓库内。一般适用于短期贮藏种子,如秋季采种,来年播种的针叶树种和阔叶树种(如侧柏、香椿、紫荆、蜡梅、山梅花等)。

(2) 低温干藏法:将贮藏室的温度降至0~5℃,相对湿度维持在50%~60%,种子充分干燥,可使种子寿命保持1年以上,如紫荆、白蜡、冷杉、侧柏、铁杉等,低温贮藏种子效果良好。要达到这种低温贮藏的标准,一般要有专门的种子贮藏室或控温、控湿的种子库。

(3) 密封干藏法:密封贮藏法使种子在贮藏期间与外界空气隔绝,种子不受外界温度、湿度变化的影响,种子长期保持干燥状态。一般用于需长期贮藏,或因普通干藏和低温干藏易丧失发芽力的种子,如榆、柳、桉等均可用密封干藏法。密封干藏种子主要是能较好地控制种子的含水率，所以一般把种子装入不通气的密封容器中，把容器口加以封闭，贮藏在低温种子库中，如果有条件可在容器内放些吸水剂，如氯化钙、生石灰、木炭等，可延长种子寿命5～6年。

2）湿藏法

湿藏是将种子存放在湿润而又低温通气的环境中。在一些情况下，湿藏还可以逐渐地解除种子的休眠，为发芽打下基础。适于湿藏的种子有板栗、银杏、四照花、黄杨、忍冬、女贞、七叶树等，凡是标准含水量高的种子或干藏效果不好的种子都适合湿藏。

湿藏的基本条件除了经常保持湿润外，还要有良好的通气条件，适宜的低温，以防止种子堆发热，控制霉菌，抑制发芽。湿藏的具体做法因地区条件不同而有很大的变化，可采用露天埋藏（室外埋藏），也可采用室内堆藏。种子数量不多时，也可以将种子与湿沙混拌后装入花盆或其他保湿的容器中，为了及时地排除种子呼吸所产生的CO_2和热量，防止种子干燥，湿藏种子要经常翻动，适时加水，但要注意保持低温，水分不要过多。

此外，有一些种子还可以在不结冰的流水中贮藏，如橡栎类种子装在麻袋内沉于流水中贮藏，效果良好。

2. 种子的运输

种子运输实质上是在特定环境条件下的一种短期的贮藏种子的方法，环境条件难以控制。因此运输时要对种子进行妥善包装，防止种实过湿、曝晒、受热发霉。运输应尽量缩短时间，运输过程中要经常检查，运到目的地要及时地贮藏在适宜的环境条件下。

2.4 种子的品质检验

树木种子品质检验又称种子品质鉴定。种子的品质检验是科学育苗不可缺少的环节，通过检验才能了解树木种子的质量，评价种子的实用价值，为合理使用种子提供科学依据。国际种子检验协会（ISTA）1993年在《国际种子检验规程》的前言中明确表示：农业最大的风险之一是播下的种子没有生产能力，不能使所需的栽培品种丰产。人们发展种子检验事业，就是要在播种前评定种子品质，使这种风险减小到最低程度。继GB 2772—1981《林木种子检验方法》之后，我国国家质量技术监督局于1999年又发布了GB 2772—1999《林木种子检验规程》，修订后的该规程不但适应了种子管理水平和生产技术提高的新形势，而且更强调了与国际规程的接轨，其中，对反映种子品质的各项指标（净度、发芽率、含水量、重量、生活力和优良度等）的测定方法均做了详尽表述。

2.4.1 抽样

抽样是抽取有代表性的、数量能满足检验需要的种子样品。抽样的目的是尽最大努力保证送检样品能准确地代表该批种子的组成成分。同样，检验机构也要按规程采用四分法或分样器法，使分取的测定样品能代表送检样品。只有这样，才能通过样品的检验，正确评定种批的品质。

2.4.2 种子净度测定

一般将测定样品分成纯净种子、其他植物种子和夹杂物3个组成部分。净度是纯净种子重量占测定后样品各成分重量总和的百分数。净度是种子播种品质的重要指标之一。确定播种量首先要知道种子的净度有多大，种子净度越高，含夹杂物越少，在种子催芽中不易发生霉烂现象。种子的净度低，含杂质多，在贮藏中不易保持发芽能力，使种子的寿命缩短。因此在种子调制中，要做好净种工作。

种子净度的计算公式：

$$净度(\%)=\frac{纯净种子重}{纯净种子重+其他植物种子重+夹杂物重}\times 100\%$$

2.4.3 种子发芽率测定

种子发芽率是播种品质最重要的指标，发芽率的高低直接关系到成苗率的大小，因此，它一直是苗木生产者最关注的问题。

种子发芽率是指在规定的条件下及规定的期限内生成正常幼苗的种子粒数占供检种子总数的百分比。其计算公式为

$$发芽率(\%)=\frac{生成正常幼苗的种子粒数}{供检种子总数}\times 100\%$$

2.4.4 种子生活力测定

种子潜在的发芽能力，称为种子生活力。一般常用发芽试验来测定种子的发芽能力，但需要时间长，且对一些休眠期长的种子行之无效，故常用染色法快速测定种子的生活力。

1. 靛蓝染色法

适用于大多数针叶树和阔叶树种子，如油松等。靛蓝胭脂红是一种苯胺染料，很容易透过种子的死细胞使其染上蓝色而不能透过活细胞，根据种胚的着色情况，可以区别种子是有生活力，还是无生活力。但有些种子如栎类的种胚含有大量单宁，死种子也不易着色。

2. 四唑染色法

“四唑”是氯化(或溴化)三苯基四氮唑的简称，为白色粉末。四唑的水溶液无色。其染色原理：有生活力种子的胚细胞有脱氢酶存在，被种胚吸收的无色的四氮唑盐类，在脱氢酶的作用下还原成不溶性的、稳定的红色化合物甲臜，即2、3、5-三苯基甲臜，而无生活力的种胚则无此种反应。用四唑染色法鉴定种子的生活力是近年来应用较广的一种方法。

种子生活力的计算公式：

$$种子生活力(\%)=\frac{有生活力种子数}{供检种子数}\times 100\%$$

2.4.5 种子优良度测定

测定种子优良度是为了在收购种子时，根据种子外观和内部状况，尽快鉴定出种子质

量，以确定其使用价值与合理价格。

优良种子具有下述感官表现：种粒饱满，胚和胚乳发育正常，呈该树种新鲜种子特有的颜色、弹性和气味。具体测定时，常采用解剖法以区分优良种子和劣质种子。

种子优良度的计算公式：

$$种子优良度(\%)=\frac{优良种子数}{供检种子数}\times 100\%$$

2.4.6 种子含水量测定

种子含水量是指种子中所含水分的重量与种子重量的百分比。种子含水量的计算公式：

$$种子含水量(\%)=\frac{干燥前供检种子重量-干燥后供检种子重量}{干燥前供检种子重量}\times 100\%$$

种子含水量的高低直接影响种子的寿命。要想在贮藏期间很好地保持种子的生命力，就要不断地测定种子的含水量，在贮藏前要使种子达到该树种的安全含水量标准才能入库。在贮藏中也要定期测定种子的含水量，使种子贮藏在最适宜的环境中。

水在种子体内以游离水和结合水这两种状态存在，只有将种子加热到 100～105℃时才能把结合水彻底排除。因此通常是在烘箱中用 103℃±2℃或更高的温度烘干种子样品，根据测定样品前后重量之差来计算含水量。

2.4.7 种子重量测定

种子的重量是指在气干状态下，1 000 粒纯净种子的重量，又称千粒重。“千粒重”说明种子的大小和饱满程度，同一树种的“千粒重”越大，种粒越大，越饱满，用这样的种子育苗，苗木的抗性强，长势健壮。同一树种的千粒重因母树所在的地理位置、立地条件、海拔高度、年龄、生长发育状况、采种时期等因素的不同而变化。例如，丰年的种子就饱满，欠年的种粒往往较小、较轻。种子千粒重也是计算播种量不可缺少的条件。

2.4.8 种子健康状况测定

种子健康状况主要是指种子是否携带病原菌，如真菌、细菌、病毒以及害虫。其测定方法很多：直观检查法、剖开法、染色法、比重法和 X 射线透视检查法等。

种子健康状况可用病虫害感染度表示，其计算公式：

$$病虫害感染度(\%)=\frac{霉粒数+病害粒数+虫害粒数}{测定样品粒数}\times 100\%$$

2.5 树木种子的休眠

2.5.1 种子休眠及其生物学意义

具有生活力的种子在适宜的萌发环境条件（光、温、水、气）下仍不能正常萌发的生理状态称为种子休眠。

休眠是植物系统演化过程中对环境条件和季节变化的一种适应性，是一种有益的生物学特性，它有利于物种的生存和生物多样性的保护，有利于种子的调拨、运输和贮藏，休眠可以抑制种子的胎萌现象。但是，休眠也常给种子检验、繁殖等工作带来不利影响，有些珍稀濒危树种(如珙桐)也因种子具有休眠习性而影响其繁殖和推广。因此，掌握种子休眠的规律，采取相应的解除休眠的措施，在生产实践中具有重要的意义。

2.5.2 种子休眠的类型

1. 外源性休眠

外源性休眠由种皮或果皮引起，也有称作种皮休眠。种(果)皮有下列效应：

(1) 阻碍水分吸收；

(2) 阻碍气体交换；

(3) 含有某些化学抑制剂；

(4) 作为一个屏障，阻碍胚中抑制剂逸出；

(5) 减少光线到达胚部；

(6) 对萌发起机械约束作用。

外源性休眠有以下3种类型：

1) 物理休眠

这类休眠是由种皮对水分和气体交换的不透性造成的。不透性的主要原因是种皮的栅栏状厚壁细胞、角质层、蜡质层、木栓层。许多属种的种子如合欢属、刺槐属、银荆属、南方红豆杉、深山含笑、水曲柳和樟树等表现出物理休眠。

2) 化学休眠

种皮和果皮中存在各种各样的抑制物质，例如酚类化合物和脱落酸，阻碍萌发。在自然条件下，充足的降雨会把这些抑制物质淋溶出来。牛奶子、美国白蜡树、桃、野蔷薇、澳大利亚的一些桉树等都表现出化学休眠。

3) 机械休眠

对胚生长的机械阻力是因坚硬的种皮、果皮、雌配子体、胚乳或其中几个部分共同约束引起的萌发延滞。纯粹的机械阻力是很少见的，通常都是与延缓发芽或抑制萌发的其他因子，例如生长抑制物质和生理休眠之类的因子联系在一起。山楂属和蔷薇属的某些树种、红松等树种的种(果)皮引起机械休眠。

2. 内源性休眠

由于胚形态后熟或生理后熟引起的休眠类型称为内源性休眠，又称胚性休眠。

内源性休眠有以下2种类型：

1) 形态休眠

形态休眠是因为种子形态成熟时胚尚未发育完全。属于形态休眠的树种有：香榧、银杏、白蜡树、水曲柳、野蔷薇、卫茅、冬青等。

2) 生理休眠

种子生理休眠主要是因为胚的代谢活动降低，需要低温层积处理使胚萌发所需的酶、激素、可溶性代谢物质以及其他化合物达到足够的水平。具有这种特性的树木种子按照休眠深度可分为3类：浅休眠、中度休眠和深休眠。雪松、日本落叶松等树种的种子具有浅休眠的特性，而苹果属、花楸属、欧亚槭、牡丹等属种的种子具有中度休眠和深度休眠的特性。

种子中的抑制物质亦阻碍种子萌发。抑制物质主要有：盐类、氰化物、氨、芥子油、有机酸、不饱和内脂、醛类、香豆素类、酚类、生物碱、ABA等。

3. 综合性休眠

在多数情况下，上述外源性休眠和内源性休眠的各种类型往往以各种各样的形式组合在一起形成综合休眠，又称双重休眠，因此需要综合处理。如红松和日本五针松等树种的种子在低温层积之前首先需要暖层积，使胚生长。又如小叶椴的种子可先用100 mg/kg的赤霉素处理后，再进行沙藏处理。

3 播种繁殖育苗

播种繁殖在实际生产上采用最多，许多乔灌木都是用种子繁殖培育的。园林树木的种子体积小，采收、贮藏、运输都很方便。利用种子繁殖一次可获得大量的苗木，因此种子繁殖在园林苗圃中占有很重要的地位。

用种子繁殖的苗木称为实生苗或播种苗。实生苗生长旺盛，有强大的根系，主根发达，深深地扎在土壤中，有利于生长。实生苗对各种不良生长环境的抵抗力较强，如抗风、抗旱、抗寒力等一般都高于营养繁殖苗。实生苗年龄小，遗传、保守性弱，可塑性强，有利于引种驯化和定向培育新品种。实生苗发育阶段年轻，开花结实较晚，寿命也比营养繁殖苗长。

3.1 播种前的种子和土壤处理

3.1.1 播种前的种子处理

播种前的种子处理是为了提高场圃发芽率，促使苗木出土早而整齐、健壮，同时缩短育苗期，进而提高苗木的产量和质量。

1. 种子精选

播种前对种子进行精选，把种子中的夹杂物捡去，再把种粒按大小进行分级，以便分别播种，使幼苗出土整齐一致，便于管理。

常用的精选方法有水选、风选和筛选。

2. 种子消毒

播种前要对种子进行消毒，因为种子表面有很多各种各样的病菌存在，圃地土壤中也有各种病菌存在。播种前对种子进行消毒，不仅可以杀死种子本身所带来的各种病害，而且可使种子在土壤遭病虫危害时，起到消毒和防护的双重作用。常用的消毒剂和消毒方法有以下几种：

1) 甲醛(福尔马林)溶液浸种

在播种前 1～2 d 将一份福尔马林(浓度 40%)加 266 份水稀释成 0.15%的溶液，把种子放入溶液中浸泡 15～20 min，取出后密闭 2 h，再将种子摊开，阴干后即可播种。每千克溶液可消毒 10 kg 种子。用福尔马林消毒过的种子，应马上播种，如果消毒后长期不播种会使种子发芽率和发芽势下降，因此用于长期沙藏的种子，不要用福尔马林进行种子消毒。

2) 硫酸铜及高锰酸钾溶液浸种

用硫酸铜溶液进行消毒，可用 0.3%～1%的溶液，浸种 4～6 h。若用高锰酸钾溶液消毒，则用浓度为0.5%的溶液浸种2 h，然后用清水冲净后沙藏。对催过芽的、胚根已突破种皮的种子，不宜用高锰酸钾溶液消毒。

3）敌克松拌种

用粉剂拌种，药量为种子重量的0.2%～0.5%。具体做法：将敌克松药剂混合10倍左右的细土，配成药土后进行拌种。这种方法对预防立枯病有很好的效果。

4）温水浸种

对针叶树种，可用40～60℃温水浸种，用水量为种子体积的2倍。该法对种皮薄的或不耐较高水温的种子不适用。

3. 种子催芽

种子通过催芽可以解除休眠，使幼苗出土整齐，适时出苗，从而提高场圃发芽率。同时还可增强苗木的抗性，因此种子通过催芽可以提高苗木的产量和质量。

催芽是以人为的方法，打破种子的休眠，促使其部分种子露出胚根或裂嘴的处理方法。

常用的种子催芽方法有以下几种：

1）层积催芽

（1）层积催芽的概念

把种子与湿润物混合或分层放置，促进其达到发芽程度的方法称为层积催芽。层积催芽的方法广泛地应用于生产上，如樟、楠等都可以用这种方法。

种子在层积催芽的过程中恢复了细胞间的原生质联系，增加了原生质的膨胀性与渗透性，提高了水解酶的活性，将复杂的化合物转化为简单的可溶性化合物，促进新陈代谢，使种皮软化产生萌芽能力。另外，一些后熟的种子（形态休眠的种子）如银杏等树种，在层积的过程中胚明显长大，经过一般时间，胚长到应有的长度，完成了后熟过程，种子即可萌发。

（2）层积催芽的条件

种子催芽必须创造良好的条件，使其顺利地通过萌芽前的准备阶段，其中温度、湿度、通气条件最重要。

在层积催芽中，因树种的生物学特性不同，对温度的要求也不同。因此，要根据具体情况来确定适宜的温度。

层积催芽时，要用间层物将种子混合起来（或分层放置），间层物一般用湿沙、泥炭，沙子的湿度应为土壤含水量的60%，即用力握湿沙能成团，但不滴水为宜。

层积催芽还必须有通气设备，种子数量少时，可用花盆，上面盖草袋子，也可以用秸杆做通气孔，种子数量多时可设置专用的通气孔。

（3）层积催芽的方法

处理种子多时可在室外挖坑。一般选择地势高燥排水良好的地方，坑的宽度以1 m为好，不要太宽。长度随种子的多少而定，深度一般在地下水位以上、冻层以下，由于各地的气候条件不同，可根据当地的实际情况而定。坑底铺一些鹅卵石，其上铺10 cm的细沙，干种子要浸种、消毒，然后将种子与沙子按1∶3的比例混合放入坑内，或者一层种子、一层沙子放入坑内（注意沙子的湿度要合适），当沙与种子的混合物放至距坑沿10～20 cm时为止。然后盖上沙子，最后用土培成屋脊形，坑的两侧各挖一条排水沟。在坑中央直通到种子底层放一秸杆或木制通气孔，以流通空气。如果种子多，种坑很长，可隔一定距离放一个通气孔，以便检查种子坑的温度。

(4) 层积催芽的日数及管理

层积催芽的日数根据树种的不同而不同，如桧柏 200 d，女贞 60 d。要根据具体情况来确定适宜的日数。

层积期间，要定期检查种子坑的温度，当坑内温度升高得较快时，要注意观察，一旦发现种子霉烂，应立即取种换坑。在房前屋后层积催芽时，要经常翻倒，同时注意在湿度不足的情况下，要增加水分，并注意通气条件。

在播种前 1～2 周，检查种子催芽情况，如果发现种子未萌动或萌动得不好时，要将种子移到温暖的地方，上面加盖塑料膜，使种子尽快发芽。当有 30%的种子裂嘴时即可播种。

2) 水浸催芽

水浸的目的是促使种皮变软，种子吸水膨胀，有利于种子发芽。这种方法适用于大多数树种的种子。

一般为使种子吸水快，多采用热水浸种，但水温不要太高，以免伤害种子。树种不同，浸种水温差异很大。如杨、柳、泡桐、榆等小粒种子，由于种皮薄，需要用 20～30℃的水浸种或用冷水浸种。对种皮坚硬的合欢、相思树等则要用 70℃的热水浸种。对含有硬粒的刺槐种子应采取逐次增温浸种的方法，首先用 70℃的热水浸种，自然冷却一昼夜后，把已经膨胀的种子选出，进行催芽，然后再用 80℃的热水浸剩下的硬粒种子，同法再进行 1～2 次，这样逐次增温浸种，分批催芽，既节省了种子，又可使出苗整齐。

水温对种子的影响与种子和水的比例、种子受热均匀与否、浸种的时间等都有着密切的关系。浸种时种子与水的容积比一般以 1∶3 为宜，要注意边倒水边搅拌，水温要在 3～5 min 内降下来。如果高于浸种温度应兑凉水，然后使其自然冷却。浸种时间一般为 1～2 昼夜。种皮薄的小粒种子缩短为几个小时，种皮厚、坚硬的种子可延长浸种时间。经过水浸的种子，捞出放在温暖的地方催芽，每天要淘洗种子 2～3 次，直到种子发芽为止。也可以用沙藏层积催芽，将水浸的种子捞出，混以 3 倍湿沙，放在温暖的地方，为了保证湿度要在上面加盖草袋子或塑料布。无论采用哪种方法，在催芽过程中都要注意温度应保持在 20～25℃，且保证种子有足够的水分，有较好的通气条件，并经常检查种子的发芽情况，当种子有 30%裂嘴时即可播种。

3) 药剂浸种催芽

有些树木的种子外表有蜡质，有的种皮致密、坚硬，有的酸性或碱性大。为了消除这些妨碍种子发芽的不利因素，必须采用化学或机械的方法，以促使种子吸水萌动。如用草木灰或小苏打水溶液洗刺槐、马尾松等种子，对发芽有一定的效果。浓硫酸可以腐蚀皂角、栾树或青桐的种子，但药剂处理后要用清水冲洗干净后再沙藏。

另外还可用微量元素如硼、锰、铜等药剂进行浸种，可以提高种子的发芽势和苗木的质量。植物激素如赤霉素、吲哚丁酸、萘乙酸、2,4－D、激动素、6－苄氨基嘌呤、苯基脲、硝酸钾等用于浸种也可以解除种子休眠。赤霉素、激动素和 6－苄氨基嘌呤一般使用浓度为 0.001%～0.1%，而苯基脲、硝酸钾为 0.1%～1%或更高。处理时不仅要考虑浓度，而且要考虑溶液的数量，种皮的状况和温度条件等对处理效果也有较大的影响。

4) 机械损伤催芽

用刀、锉或砂子磨损种皮、种壳，增加种子的吸水、透气能力，促使种子萌动，但应注意不应使种子受伤。机械处理后还需水浸或沙藏才能达到催芽的目的。

4. 接种工作

1）接种根瘤菌

有些植物（如豆科植物、落叶松等）的根上常有瘤状突起，叫根瘤。根瘤是由于土壤中的一种细菌（叫根瘤菌）侵入植物根部组织而产生的。根瘤菌从根瘤细胞中摄取其生活所需的水分和养料，同时它能把空气中的游离氮（空气中含氮量约为78%，但不能被植物直接利用）转变为植物所能利用的含氮化合物，这种作用叫固氮作用。氮是合成蛋白质的重要元素，是植物生活所不可缺少的，而且土壤中氮素最容易缺乏。所以豆科植物等通过与根瘤菌的共生可以得到氮素的供应，有利于植物的生长。因此，在没有根瘤菌的土壤上播种豆科植物、落叶松等时，常需进行接种工作，方法是用根瘤菌制剂拌种后再播种。

2）接种菌根菌

有些植物的根与土壤中的某些真菌有着共生关系，这些同真菌共生的根叫菌根，这些真菌叫菌根菌。菌根菌可以从植物中获取所需的有机营养物质，但同时它也给植物带来好处。它除能代替根毛吸收水分和养分以供植物生长外，还能够促进植物细胞内贮藏物质的溶解，增强呼吸作用，加强植物根系的生长。因此，在没有菌根菌的土壤上进行播种时，为使植物生长发育良好，常需进行菌根菌的接种工作。方法是用菌根菌制剂拌种后再播种。

3）接种磷化菌

幼苗在生长初期很需要磷，而磷在土壤中很容易被固定（即成为难溶状态，不能为植物吸收和利用），从而造成缺磷。因此，为使苗木健康生长，在播种前需进行磷化菌的接种工作。方法是用磷化菌制剂拌种后再播种。

3.1.2 播种前的土壤处理

播种前土壤处理的目的是消灭土壤中的病菌和地下害虫。现将常用的消毒方法介绍如下：

1. 高温处理土壤

国内主要采取烧土法。具体做法是：在柴草方便的地方，可在圃地放柴草焚烧，对土壤耕作层加温，进行灭菌。这种方法能起到灭菌和提高土壤肥力的作用。

另外面积比较小的苗圃，也可以把土壤放在铁板上，在铁板底下加热，可起到消毒作用。

2. 药剂处理

1）福尔马林（甲醛）

每平方米用福尔马林 50 ml，加水 6～12 L，在播种前 10～20 d，洒在播种地上，用塑料布或草袋子覆盖。在播种前 1 周打开塑料布，等药味全部散失后播种。

2）五氯硝基苯与敌克松或代森锌的混合剂

其中五氯硝基苯占 75%，敌克松或代森锌占 25%，每平方米施用量 4～6 g。也可用 1∶10的药土，在播种前撒入播种沟上，然后再播种。

3）硫酸亚铁

一般使用2%～3%的硫酸亚铁溶液，用喷壶浇灌苗床，每平方米用溶液9 L后即可播种。

4）高锰酸钾

使用1%的高锰酸钾对土壤进行消毒后播种。

如有地下害虫，在耕地前可用敌百虫等药剂进行消毒。也可制成毒饵杀死地下害虫。

3.2 播种时期

播种时期一般指在什么时期播种。全国大致分为春、夏、秋、冬4个季节进行。一般要根据种子的特性和当地的气候条件、土壤条件和耕作制度等因素来确定。如果是保护地栽培或营养钵育苗则全年都可播种，不受季节限制。

播种季节和播种时间的确定是否合适，直接影响到苗木的产量和质量。适宜的播种时期能促进种子提早发芽，发芽率高而且出苗整齐，苗木健壮，抗寒、抗旱、抗病能力强。可以节约土地和人力，提高经济效益。

3.2.1 春播

春季是主要播种季节，大多数树种都可在春季播种，即在土地解冻后至树木发芽前将种子播下。要宜早不宜晚，早播、早出的幼苗抗性强，生长期长，病虫害少，但要注意防止晚霜，对晚霜危害比较敏感的树种如洋槐、臭椿等则不宜过早播种，应考虑使幼苗在晚霜后出土，以防晚霜危害。但对松类、海棠等尤其应早播。

春播的优点：从播种到出苗时间短（必须做好种子的催芽工作），可减少圃地管理用工，如减少种子被鸟兽、虫和牲畜的危害。春季土壤湿润、不板结、气温适宜，有利于种子萌发、出苗、生长。由于幼苗出土后温度逐渐增高，可避免低温和霜冻的危害。

春播的播种时间，因各地的气候条件而异，一般在幼苗出土后不会遭受低温危害的前提下以早为好。

3.2.2 秋播

秋季也是一个很重要的播种季节，一些大、中粒种子，或种皮坚硬的、有生理休眠特性的种子都可以在秋季播种。一般种粒很小和含水量大而易受冻害的种子不宜秋播。

秋播的优点：秋播时间长，便于安排劳力，秋播可使种子在圃地完成催芽过程，翌年春季幼苗出土早而整齐，苗木生长健壮，节省了种子贮藏和种子催芽的工作费用。

由于种子在土壤中时间长，易遭鸟、兽的危害，因此秋播播种量比春播要多。秋播翌春出苗早，要注意防止晚霜危害苗木。秋播的时间不可太早，最好于晚秋进行，如播期过早，秋季日温高，有的种子容易发芽。到冬季苗木还要防寒，否则会受冻害。秋播的具体时间要根据树种的生物学特性和当地的气候条件来确定。

3.2.3 夏播

夏季成熟的种子，如杨、柳、榆、桑、桉树等种子，不宜久藏，在种子成熟后随采随播。

夏季气温高，土壤水分易蒸发，表土干燥，不利于种子的萌发，因此可在雨后进行播种或播前进行灌水，有利于种子的萌发，同时播后要加强管理，经常灌水，保持土壤湿润，降低地表温度，有利于幼苗生长。为使苗木在冬季来临前能充分木质化，以利安全越冬，夏播应尽量提早进行。

3.2.4 冬播

在我国南方，冬季气候温暖，雨量充沛，适宜冬播，冬播是我国南方的主要播种季节。如福建、两广地区的杉木、马尾松等，常在初冬种子成熟后随采随播，使种子发芽早，扎根深，幼苗的抗旱、抗寒、抗病等能力强，生长健壮。

3.3 苗木密度与播种量计算

3.3.1 苗木密度

苗木密度是单位面积(或单位长度)上苗木的数量，它对苗木的产量和质量起着重要的作用。苗木过密，每株苗木的营养面积小，苗木通风不好，光照不足，降低了苗木的光合作用，使光合作用的产物减少，表现在苗木上为苗木细弱，叶量少，根系不发达，侧根少，干物质重量小，顶芽不饱满，易受病虫危害，移植成活率不高。而当苗木过稀时，不仅不能保证单位面积的苗木产量，而且苗木过稀，苗间空地过大，土地利用率低，易滋生杂草，增加土壤水分和氧分的消耗，给管理工作带来不少的麻烦。因此，确定合理的苗木密度非常重要，合理的密度可以克服由于苗木过密或过稀出现的缺点，保证每株苗木在生长发育健壮的基础上获得单位面积(或单位长度)上最大限度的产苗量，从而获得苗木的优质高产。

确定苗木密度要依据树种的生物学特性、生长的快慢、圃地的环境条件、育苗的年限以及育苗的技术要求等。此外要考虑育苗所使用的机器、机具的规格，来确定株行距。

苗木密度的大小，取决于株行距，尤其是行距的大小。播种苗床一般行距为 8～25 cm，大田育苗一般为 50～80 cm。行距过小不利于通风透光，也不便于管理。

3.3.2 播种量的计算

播种量，就是单位面积上播种的数量。播种量确定的原则，就是用最少的种子，达到最大的产苗量。播种量一定要适中，偏多会造成种子浪费，出苗过密，间苗费工，增加育苗成本；播种量太少，产苗量低。因此要掌握好播种量，提倡科学地计算播种量。

计算播种量的依据为：① 单位面积(或单位长度)的产苗量；② 种子品质指标：种子纯度(净度)、千粒重、发芽势；③ 种苗的损耗系数。

播种量可按下列公式计算：

$$X = C \cdot \frac{A \cdot W}{P \cdot G \cdot 1\,000^2}$$

式中 X—— 单位长度(或单位面积) 实际所需的播种量(kg)；

A—— 单位长度(或面积) 的产苗数；

W—— 千粒种子的重量(g)；

P—— 净度；

G—— 发芽势；

$1\ 000^2$—— 常数；

C—— 损耗系数。

C 值因树种、圃地的环境条件及育苗的技术水平而异，同一树种，在不同条件下的具体数值可能不同，各地可通过试验来确定。C 值的变化范围大致如下：

(1) 用于大粒种子(千粒重在 700 g 以上)，$C=1$；

(2) 用于中、小粒种子(千粒重为 3～700 g)，$1<C<2$，如油松种子；

(3) 用于小粒种子(千粒重在 3 g 以下)，$C=10\sim20$，如杨树种子。

例如，生产 1 年生油松播种苗 1 hm^2，每平方米计划产苗量 500 株，种子纯度为 95%，发芽率为 90%，千粒重为 37 g，其所需种子量为：

$$每平方米播种量=\frac{500\times37}{0.95\times0.90\times1000^2}=0.021\ 6(kg)$$

采用床播 1 hm^2 的有效作业面积约为 6 000 m^2，则 1 hm^2 地的播种量为：0.021 6×6 000=129.6(kg)。

这是计算出的理论数字，从生产实际出发应再加上一定的损耗，如 $C=1.5$，则生产 1 hm^2 油松共需用种子 200 kg 左右。

3.4 育苗方式及播种技术

3.4.1 育苗方式

育苗方式又叫作业方式。园林苗圃中的育苗方式分为苗床育苗和大田育苗两种。

1. 苗床育苗

苗床育苗在园林苗圃的生产上应用很广，有些树种生长缓慢，需细心管理，特别是小粒种子或珍贵树种的种子，量很少，必须非常精心地管理，如马尾松、杨树、紫薇等，一般都采用苗床播种。常用的苗床分高床和低床两种。

1) 高床

床面高出步道的苗床叫高床。一般床高 15～20 cm，床面宽不超过 1 m，如果使用喷灌，床面宽度可达 1 m。步道宽度为 40～50 cm，如果需要遮荫或埋土防寒，步道宽度可达50 cm或更宽一些。苗床的长度要根据圃地的实际情况而定，为提高土地利用率采用喷灌，长度可达 15～20 m 以上。如果采用水渠灌溉，一般以 10～15 m 为宜，太长了苗床不易做平，易造成低洼地积水，高的地方水上不去。

高床的优点：高床排水良好，增加了肥土层的厚度，并便于侧方灌水，床面不易板结，有利于空气流通，提高地温。

高床的缺点：做高床及以后的管理工作较费工，增加了育苗成本。但有些对土壤水分较敏感的树种宜做高床。另外，一些排水条件较差、降雨较多或气候比较寒冷的地方以采用高床作业为好。

2）低床

床面低于步道的苗床叫低床。低床的床面一般低于步道 15～25 cm。床面宽为 1～1.2 m。步道(床埂)的宽度为 40 cm。苗床的长度同高床。低床的保墒条件比高床好，适用于对土壤水分要求不高的树种如悬铃木、侧柏、桧柏等大部分阔叶树种和部分针叶树种。在一般降水量较少、干旱的地方可采用低床。

2. 大田育苗

大田育苗自 20 世纪 50 年代中期在北方推广，其优点是便于机械化，工作效率高，节省劳力、成本低，被各苗圃普遍采用。大田育苗分垄作和平作两种。

1）垄作

垄底宽度一般为 60～80 cm，垄高 10～20 cm，垄顶宽度 20～25 cm(双行的播种宽度可达 45 cm)，垄长要根据地形而定，一般为 20～25 m，最长不应超过 50 m。垄作具有高床的优点，同时可节约用地。由于垄距大，通风透光较好，所以苗木生长健壮而整齐，根系发达，幼苗中耕、除草方便。垄作可以采用机械化或用畜力工具生产，因而减轻了工人的劳动强度，提高了工作效率，降低了育苗成本。

2）平作

平作是不作床或不作垄，将圃地整平后，按距离要求划线，进行育苗。一般采用多行带播，能提高土地利用率和单位面积的苗木产量。

3.4.2 播种技术

1. 播种方法

常用的播种方法有条播、撒播和点播。

1）条播

条播是应用最广泛的一种方法。条播是按一定的行距，将种子均匀地撒在播种沟中。其优点是：苗木有一定的行间距离，受光均匀，通风条件好，又便于抚育管理和机械化作业。条播由于撒种集中，能保证苗木的数量和质量，同时起苗操作也方便。条播适用于各种中、小粒种子。播种时苗行一般以南北向为好，以利受光均匀。

2）撒播

撒播是将种子均匀地撒在播种地上。适用于小粒种子，如杨树、悬铃木等。撒播苗木的产量高，但费种子，撒播的用种量一般是条播的 2 倍。撒播不便于抚育管理，由于苗木密度大，光照不足，通风条件不好，而使苗木生长细弱，抗性差，易染病虫害。

3）点播

一般只用于大粒种子，如银杏。点播是按一定的株行距，将种子一粒一粒地播在苗圃地上。点播的株行距要根据树种的大小来确定。为利于幼苗生长，种子应侧放，使种子的尖端与地面平行放置。点播具有条播的优点,但苗木产量比其他两种方法少。

2. 播种前的整地

播种前的整地,是指在作床作垄前,对土壤进行平整,这个工作做得越细,对播种后幼苗出土越有利,对场圃发芽率、苗木的产量和质量影响很大。整地要求如下:

1) 细致平坦

播种地要求无土块、石块和杂草根,在地表 10 cm 深度内没有较大的土块,其土块越小、土粒越细越好,以满足种子发芽后幼苗生长对土壤的要求,否则种子会落入土块缝隙中因吸不到水分而影响发芽,同时也会因发芽后幼苗根系不能和土壤密切结合而枯死。另外,播种地要求平坦,主要是为灌溉均匀,降雨时也不会因土地高低不平、洼地积水而影响苗木生长。

2) 上暄下实

播种地整好后,应上暄下实。上暄有利于幼苗出土,减少下层土壤水分的蒸发;下实可使种子与下层的湿土密切结合,保证了种子萌发时对土壤水分的要求。上暄下实给种子萌发创造了良好的土壤环境。因此,播种前松土的深度不宜过深,土壤过于疏松时,应进行适当的镇压。在春季或夏季播种,土壤表面过于干燥时,应在播前灌水或在播后进行喷水。

3. 播种

播种是育苗工作的重要环节,播种工作做得好不好直接影响种子的场圃发芽率、出苗的快慢和整齐程度,对苗木的产量和质量有直接的影响。

播种分人工播种和机械播种两种,目前采用最多的是人工播种。

1) 人工播种

人工播种主要是通过人把种子播在播种地上。主要技术要求是划线要直,目的是使播种行通直,便于抚育和起苗,开沟深浅要一致,沟底要平,沟的深度要根据种粒的大小来确定,粒大的种子要深些,粒极小的种子可不开沟,混沙直接播种。为保证种子与播种沟湿润,要做到边开沟,边播种,边覆土,一般覆土厚度应为种子直径的 2～3 倍。要做到下种均匀,覆土厚度适宜。

覆土可用原床土,也可以用细沙土混些原床土,或用草炭、细沙、粪土混合组成覆土材料。覆土后,为使种子和土壤紧密结合,要进行镇压。如果土壤太湿或过于粘重,要等表土稍干后再镇压。

2) 机械播种

使用机械播种,工作效率高,下种均匀,覆土厚度一致。开沟、播种、覆土镇压一次完成,既节省了人力,也可做到幼苗出土整齐一致,是今后园林苗圃育苗的发展趋势。

3.5 播种苗的年生长发育特点

播种苗从播种开始到生长进入休眠期的年生长发育过程中,由于不同时期地上部分与地下部分的生长发育特点不同，对环境条件的要求也不同。根据 1 年生播种苗各时期的特点，可将播种苗的第一个生长周期划分为出苗期、幼苗期、速生期和硬化期 4 个时期。了解苗木年生长发育的特点和对外界环境条件的要求，才能采取有效的抚育措施，从而获得高产优质的苗木。

3.5.1 出苗期

出苗期是从播种到幼苗刚刚出土的时期。

出苗期的生长特点：种子播种后首先在土壤中吸水膨胀，随着水分的吸收，酶的活动加强，在酶的作用下种子中贮藏的物质进行转化，分解为可溶性物质，并释放出能量，供胚的生长。一般胚根先长，形成主根深入土层，然后胚芽生长，逐渐出土形成幼苗。在这个时期幼苗不能自行制造营养物质，而靠种子中贮藏的营养物质进行生长。

育苗技术要点：这一时期育苗的中心任务是促进种子迅速萌发，提高场圃出芽率，使幼苗出土早而整齐、健壮。为此要做到，种子要催芽，适时播种，下种均匀，覆土厚度适宜，注意调节土壤温度、湿度、通气状况，为种子发芽创造良好的条件。另外，为了防止高温危害苗木，需要遮荫时，可在出苗期开始遮荫。

3.5.2 幼苗期(生长初期)

幼苗期是从幼苗出土后能够进行光合作用，自行制造营养物质开始，到苗木生长旺盛时为止。

1）幼苗期的生长特点

这个时期地下部分生出侧根形成根系，但根系分布较浅，抵抗不良环境的能力差，易受害而死亡。地上部分生出叶子，幼苗能独立地制造营养物质。此时幼苗的高生长缓慢，主要是根系生长。

2）育苗技术要点

这一时期苗木抚育的主要任务是提高幼苗保存率，促进根系生长，为苗木的生长发育打下良好的基础。这个时期影响幼苗生长发育的主要外界因子有水分、温度、养分、光照和通气。水分是这个时期决定幼苗成活与否的重要条件，是幼苗生长和吸收养分不可缺少的因素，这时期幼苗的根系分布较浅，如果水分不足则对幼苗危害极为严重。光是进行光合作用的必要条件，如果光照不足，幼苗生长细弱，直接影响苗木质量。温度对苗木地上部分和地下部分的生长都有很大影响，气温过高，幼苗易遭日灼，气温过低，幼苗则容易发生冻害，同时温度低，根系生长发育不好。此时幼苗对养分的需要虽然不多，但很敏感，尤其对磷肥的需要量要适当增加，因为磷肥能促进根系生长。

因此在育苗措施上要加强松土、除草，适当地灌溉、间苗，合理追肥，注意防治病虫害和进行必要的遮荫。

3.5.3 速生期

苗木的速生期是幼苗生长最旺盛的时期，即从苗木的生长量大幅度上升时开始，到生长量大幅度下降时为止。

1）速生期的生长特点

此时苗木的生长速度最快，生长量最大。高生长显著加快，叶子的面积和数量都迅速增加，直径增长加快。地上部分和根系的生长量都是全年最多的时期，这是多数树种的共同规律，这个阶段基本上决定了苗木的质量。大部分树种的速生期从 6 月中旬开始到 8 月底、9 月初，一般为 70 d 左右。

在此期间，影响苗木生长发育的因素有养分、水分和气温。养分的供应十分重要，在养分充足的情况下，水分跟上，加上温度适宜，苗木生长一定最快、最好。在干旱炎热的夏季，加强灌水、施肥等养护措施，可消除因气温过高而对树木产生的不良影响。

2）育苗技术要点

这一时期加强对苗木的抚育管理是提高苗木质量的关键，要以水、肥管理为主，结合除草、松土、防虫治病等育苗技术，促使幼苗迅速而健壮地生长。但在速生期的后期应适时停止施肥和灌水工作，以使幼苗在停止生长前就充分木质化，有利于越冬。

3.5.4 苗木的硬化期(生长后期)

苗木的硬化期是从苗木生长量大幅度下降开始到苗木进入休眠期为止。

苗木硬化期的生长特点：此时幼苗生长缓慢，最后停止生长，苗木逐渐木质化并形成健壮的顶芽，体内的营养物质进入贮藏状态。硬化期的前期，直径和根系在继续生长，而且各出现一次生长高峰。

育苗技术要点：在这个时期，要防止幼苗徒长，尽量促进苗木木质化，以提高越冬能力。因此要停止一切促进苗木生长的措施，如施肥、灌水等，对一些树种要注意做好防寒工作。

上述 1 年生播种苗的各个时期是根据幼苗生长发育过程中所表现的特点来划分的。各时期的长短，不仅取决于树种的特性，同时与育苗技术有密切关系。在育苗过程中应采取合理的技术措施，为苗木生长创造良好的条件，使幼苗尽早进入速生期，并健壮地生长，这对提高苗木质量有着重要意义。

3.6 播种苗的抚育管理

3.6.1 出苗前播种地的管理

播种后为给种子发芽和幼苗出土创造良好的条件，对播种地要进行精心管理，以提高种子发芽率。主要措施有覆盖保墒、灌溉、松土、除草等。

1. 覆盖保墒

播种后为防止播种地表土干燥、板结，防止鸟害，对播种地要进行覆盖，特别是对于小粒种子、覆土厚度在 1 cm 左右的树种更应该加以覆盖。

覆盖的材料应就地取材，以经济实惠、不给播种地带来杂草种子和病虫害为前提。另外覆盖物不宜太重，否则容易压坏幼苗。常用的覆盖材料有稻草、麦草、竹帘子、苔藓、锯末、腐殖土以及松树的枝条等。覆盖物的厚度，要根据当地的气候条件、覆盖物的种类而定。如用草覆盖时，一般以使地面盖上一层，似见非见土面为宜。播种后应及时覆盖，在种子发芽、幼苗大部分出土后，要分期、分批地将草撤掉，同时配合适当的灌水，以保证苗床中的水分。

近年来采用塑料薄膜进行床面覆盖的效果较好，不仅可以防止土壤水分蒸发，保持土壤湿润、疏松，又能增加地面温度，促进发芽。但在使用薄膜时要注意经常检查床面的温度，当苗床温度达到28℃以上时，要打开薄膜的两端，使其通风降温。也可以采用薄膜上遮苇帘来降温。等到幼苗出土，揭除薄膜后将苇帘维持一段时间，再将苇帘撤掉。这样既有利于幼苗生长，也可以起到防晚霜的作用。

2. 灌溉

播种后由于气候条件的影响或因出苗时间较长，苗床仍会干燥，妨碍种子发芽，故在播种后出苗前，要适当地补充水分。

不同的树种，覆土厚度不同，灌水的方法和数量也不同。一般在土壤水分不足的地区，对覆土厚度不到2 cm，又不加任何覆盖物的播种地，要进行灌溉。播种中、小粒种子，最好在播种前要灌足底水，播种后在不影响种子发芽的情况下，尽量不灌水，以防降低土温和使土壤板结，如需灌水，应采用喷灌，防止种子被冲走或发生淤积的现象。

3. 松土和除草

在秋冬播种地的土壤变得坚实，对于秋冬播种的播种地在早春土壤刚化冻时，种子还未突破种皮时要进行松土，但不宜过深，这样可减少水分的蒸发，削减幼苗出土时的机械障碍，使种子有良好的通气条件，有利于出苗。另外，当因进行灌溉而使土壤板结，妨碍幼苗出土时，也应进行松土。

有些树木种子发芽迟缓，在种子发芽前滋生出许多杂草，为避免杂草与幼苗争夺水分、养分，应及时除杂草。一般除草与松土应结合进行，松土除草宜浅，以免影响种子萌发。

3.6.2 苗期管理

苗期管理是从播种后幼苗出土，一直到冬季苗木生长结束为止，对苗木及土壤进行的管理，如遮荫、间苗、截根、灌溉、施肥、中耕、除草等工作。这些育苗技术措施的好坏，对苗木的质量和产量有着直接的影响，因此必须要根据各时期苗木生长的特点，采用相应的技术措施，以便使苗木达到速生丰产的目的。

1. 降温

树种在幼苗期组织幼嫩，不能忍受地面高温的灼热，易产生日灼现象，致使苗木死亡，因此要在高温时，采取降温措施。现介绍几种降温方法：

1）遮荫

遮荫可使日光不直接照射地面，因而能降低育苗地的地表温度，减少土壤水分的蒸发，以免幼苗遭受日灼伤害。

遮荫的方法：一般采用苇帘、竹帘或黑色的编织布等做材料设活动荫棚，透光度以50%～80%为宜。荫棚高40～50 cm，每天上午9:00至下午4:00左右进行放帘遮荫，其他时间或阴天可把帘子卷起。也可以采用在苗床上插松枝或间种等办法进行遮荫。

2）覆草和喷灌降温

把草类放在苗行间，能降低温度 8～10℃以上，效果较好。喷灌能降低地表温度，用地面灌溉也同样能起到降低地温的作用。

2. 间苗和补苗

1）间苗

苗木过密，导致通风、透光不好，每株苗木的营养面积小，苗木细弱，质量下降，易发生病虫害。因此，为了调整幼苗的疏密度，使苗木之间保持一定的距离，要对苗木进行间苗。

间苗次数应依苗木的生长速度确定，一般间苗 1～2 次为好。间苗的时间宜早不宜迟。第一次间苗在苗高 5 cm 时进行，一般把受病虫危害的、受机械损伤的、生长不正常的、密集在一起影响生长的幼苗去掉一部分，使苗间保持一定距离。第二次间苗与第一次间苗相隔 10～20 d，第二次间苗即为定苗。间苗的数量应按单位面积产苗量的指标进行留苗，其留苗数可比计划产苗量增加 5%～15%，作为损耗系数，以保证产苗计划的完成，但留苗数不宜过多，以免降低苗木质量。间苗后要立即浇水，淤塞苗根孔隙。

2）补苗

补苗工作是补救缺苗断垄的一种措施。补苗时间越早越好，以减少对根系的损伤，早补不但成活率高，而且后期生长与原来苗木无显著差别。补苗工作可和间苗工作同时进行，最好选择阴天或傍晚进行，以减少日光的照射，防止萎蔫，必要时要进行遮荫，以保证成活。

3. 截根和幼苗移植

1）截根

截根适用于主根发达、侧根发育不良的树种，如核桃、橡栎类、梧桐、樟树等树种。截根的目的是截断主根，控制主根的生长，促使苗木多生侧根、须根，加速苗木的生长，提高苗木质量，同时也提高移植后苗木的成活率。

截根的时间，一般在幼苗长出 4～5 片真叶，苗根尚未木质化时进行。根据树种来确定截根的深度，一般为 5～15 cm。可以用带弓形的截根刀、起苗犁进行截根。

2）幼苗移植

幼苗移植一般用于幼苗生长快的树种，或一些种子很少的珍贵树种。先将这些珍贵树种的种子进行床播或室内盆播等，待长到一定程度时再进行移植。

移植应掌握适当的时期，一般在幼苗长出 2～3 片真叶后，结合间苗进行幼苗移植。移植应选在阴天进行，移植后要及时灌水并进行适当的遮荫。

4. 中耕与除草

1）中耕

中耕是在苗木生长期间对土壤进行的浅层耕作。中耕可以疏松表土层，减少土壤水分的蒸发，促进土壤空气流通，有利于微生物的活动，提高土壤中有效养分的利用率，促进苗木生长。中耕和除草往往结合进行，这样可以取得双重的效果。

中耕在苗期宜浅并要及时，每当灌溉或降雨后，当土壤表土稍干后就可以进行，以减少土壤水分的蒸发及避免土壤发生板结和龟裂。当苗木逐渐长大后，要根据苗木根系生长情况来确定中耕深度。

2）除草

除草工作是在苗木抚育管理工作中工作量比重最大、时间最长、人力用得最多的一项工作。杂草是苗木的劲敌，同时杂草也是病虫害的根源。因此要在苗圃生产中安排好这项工作，不要发生草荒而影响苗木正常生产。除草可以用人工除草、机械除草和化学除草，本着除早、除小、除了的原则，大力消灭杂草，提倡使用化学除草剂来消灭杂草，但要先进行科学实验后，再大面积地推广使用。

5. 灌水与排水

水是植物的命脉，灌水与排水直接影响苗木的成活、生长和发育。在抚育管理中灌水和排水是同等重要的，两者缺一不可。特别是重粘土地、地下水位高的地区、低洼地、盐碱地等，灌水和排水设备配套工程尤为重要。

1）灌水

土壤水分在种子萌发和苗木生长发育的全过程中都具有重要的作用，土壤中有机物的分解速度与土壤水分有关；根系从土壤吸收矿质营养时，必须先溶于水；植物的蒸腾作用需要水；同时水分对根系生长的影响也很大，水分不足则苗根生长细长，水分适宜则吸收根多。因此水分是壮苗丰产的必要条件之一。

（1）合理的灌水及灌水量

水是苗木生长发育的重要因素，苗木离开了水就不能生长，而水多土壤通气不良，又会造成苗木烂根，影响苗木的产量和质量。因此灌水要适时适量，要遵循“三看”，即看天、看地、看树苗，切忌“一刀切”的做法。

① 看天。所谓“看天”，就是要看当地的天气情况。

② 看地。所谓“看地”，就是看土壤墒情、土壤质地和地下水位高低。沙土或沙壤土保水力差，灌水次数和灌水量可适当增加；粘土地、低洼地应适当控制灌水次数；盐碱地切忌小水勤灌。决定一块地应否灌水，主要看土壤墒情，适合苗木生长的土壤湿度一般为15％～20％。

③ 看树苗。看“树苗”，就是要根据不同树种的生物学特性、苗木的不同生长时期来确定灌水量。

不同的树种生物学特性不同，对喜湿的树种如杨、柳树可多灌水。对同一树种，不同的生长时期需水量也不同，一般在出苗期和幼苗期需水量虽不多，但比较敏感，因此灌水量宜少但次数应多；在速生期，苗木茎叶急剧生长，茎叶的蒸腾量大，对水的吸收量也大，因此灌水量宜大且次数多；对生长后期的苗木，要减少灌水，控制水分，防止苗木徒长，促进木质化。

（2）灌水方法

一般采用侧方灌水、畦灌、喷灌、滴灌等方法。

① 侧方灌水。一般用于高床和高垄。水从侧面渗入床内或垄中。这种灌水方法不易使床面或垄面产生板结，灌水后土壤仍保持通透性能，有利于苗木出土和幼苗生长，灌水省工但耗水量大。

② 畦灌。又称漫灌，一般用于低床或平垄。用畦灌不应淹没苗木叶子。缺点：水渠占地多，灌水速度慢，灌后易造成土壤板结，用水量大，费人力又不易控制灌水量等。

③ 喷灌。也称人工降雨，目前在苗圃用得较多。它的主要优点是省水、便于控制水量、

工作效率高、灌溉均匀、节省劳力，不仅在地势平坦的地区可采用，在地形稍有不平的地方也可较均匀地进行喷灌。但要注意在播种区要水点细小，防止将幼苗砸倒、根系冲出土面或泥土溅起，污染叶面，妨碍光合作用的进行。

④ 滴灌。即通过管道把水滴到苗床上。滴灌比喷灌的优点多，适用于苗圃作业，但因设备复杂，投资较高，在苗圃中较少使用。

(3) 灌水注意事项

① 灌溉时间。每次灌水的时间，最好在早晨和傍晚，不要在气温最高的中午进行。

② 水温与水质。水温过低对苗木根系生长不利，不宜用水质太硬或含盐类的水灌溉。

③ 灌水的持续性。育苗地的灌水工作一旦开始，要一直延续到苗木不需要灌溉为止，不宜中断，否则会造成旱害。灌水的结束期，因树种不同而异，对多数苗木而言，约在霜冻到来之前6～8周为宜。

2) 排水

排水在育苗工作中与灌水有着同等的作用，不容忽视。排水主要指排除因大雨或暴雨造成的苗区积水，在地下水位偏高、盐碱严重地区，排水工作还有降低地下水位、减轻盐碱含量或抑制盐碱上升的作用。

排水工作应注意以下几个问题：

(1) 苗圃必须建立完整的排水系统。苗圃的每个作业区、每方地都应有排水沟，使沟沟相连，一直通到总排水沟，将积水全部排出圃地。

(2) 对不耐湿的品种，如臭椿、合欢、刺槐等可采用高垄或高床作业，在排水不畅的地块应增加田间排水沟。

(3) 雨季到来之前应整修、清理排水沟，使水流畅通，雨季应有专人负责排水工作，及时疏通圃内积水，做到雨后田间不积水。

6. 施肥

1) 肥料的种类和性质

苗圃使用的肥料是多种多样的，概括起来可分为有机肥料、无机肥料和生物肥料。

(1) 有机肥料：苗圃常用的有机肥有人粪尿、厩肥、堆肥、泥炭肥料、森林腐殖质肥料、绿肥以及饼肥等。有机肥料能提供苗木所必需的营养元素，属于完全肥料，它肥效长，能改善土壤的理化性质，促进土壤微生物的活动，可发挥土壤的潜在肥力。

(2) 无机肥料：常用的无机肥料以氮肥、磷肥、钾肥三大类为主，此外还有铁、硼、锰、硫、镁等微量元素。无机肥料易溶于水，肥效快，易于被苗木吸收利用。无机肥料的肥份单一，对土壤的改良作用远不如有机肥料。连年单纯地使用无机肥，易造成苗圃土壤板结、坚硬。有机肥为迟效性完全肥料，无机肥为速效性肥料，二者配合使用可取长补短，充分发挥肥效，提高土壤肥力，减少土质恶化。因此，有机肥与无机肥配合使用最佳。

(3) 生物肥料：在土壤中有一些对植物生长有益的微生物，将其从土壤中分离出来，制成生物肥料，如细菌肥料(根瘤细菌、固氮细菌)、真菌肥料(菌根菌)以及能刺激植物生长并能增强抗病力的抗生菌5406等。

2) 施肥的时间和方法

施肥分施基肥和施追肥两种。

(1) 施基肥：一般在耕地前，将腐熟的有机肥料均匀地撒在圃地上，然后随耕地一起翻入土中。在肥料少时也可以在播种或作床前将肥料一起施入土中。施肥的深度一般为15～20 cm。基肥通常以有机肥为主，也可适当地配合施用一些不易被固定的矿质肥料，如硫酸铵、氯化钾等。

(2) 施追肥：追肥分为土壤追肥和根外追肥两种，无论哪种方法都在苗木生长期间使用。土壤追肥可用水肥，如稀释的粪水，可在灌水时一起浇灌。如追施固态肥料，可制成复合球肥或单元素球肥，然后深施，挖穴或开沟均可，不要撒施。深施的球肥位置，一般应在树冠内，即正投影的范围内。

根外追肥，可用氮、磷、钾和微量元素，直接喷洒在苗木的茎叶上，是利用植物的叶片能吸收营养元素的特点，采用液肥喷雾的施肥方法。对需要量不大的微量元素和部分化肥采用根外追肥方法，效果较好，这样既减少了肥料流失，又可收到明显的效果。在根外追肥时，应注意选择合适的浓度。一般微量元素浓度采用0.1%～0.2%，化肥采用0.2%～0.5%。

不同的树种，不同的生长期，所需的肥料种类和施肥量差异很大，要做到具体问题，具体分析。

7. 病虫害防治

防治苗木病虫害是苗圃多育苗、育好苗的一项重要工作。要贯彻“预防为主，综合防治”的方针，加强调查研究，搞好虫情调查和预测预报工作，创造有利于苗木生长、抑制病虫发生的环境条件。本着“治早、治小、治了”的原则，及时防治，并对进圃苗木加强植物检疫工作。

4 营养繁殖苗的培育

利用植物的营养器官(干、枝、根、茎、叶、芽等),在适宜的条件下,培育成一个独立的新个体的繁殖方法称为营养繁殖或无性繁殖。用营养繁殖法培育的苗木称为营养繁殖苗或无性繁殖苗。营养繁殖主要是利用植物细胞的再生能力、分生能力以及与另一株植物通过嫁接生长合为一体的能力来进行繁殖的。在苗圃实践中,营养繁殖被广泛应用于树木扩繁育苗及花卉生产中。

营养繁殖具有以下特点:

(1) 能够保持母本的优良性状:因为营养繁殖不是通过两性细胞的结合,而是由分生组织直接分裂的体细胞所产生,所以其亲本的全部遗传信息可得以再现,而保持原有母本的优良性状和固有的表现型特征,达到保存和繁殖优良品种的目的。

(2) 解决种子困难问题:许多树木的种类或品种不结种子或种子很少,如重瓣花、无核果、多年不开花以及雌雄异株植物等。对于这些树木来讲,营养繁殖就成为它们惟一或主要的繁殖方法。

(3) 提早开花结实:用营养器官繁殖个体,其发育阶段是母本营养器官发育阶段的延续,所以能提早开花结实。

(4) 用于某些园林植物的特殊造型:如龙爪槐、树月季等是采用嫁接方法来繁殖和制作的。

(5) 方法简便、经济:由于某些园林植物的种子存在休眠的特性,用种子繁殖首先要破除其休眠,比较烦琐困难,采用营养繁殖则较容易,且方法简便、经济。

从上述可见,营养繁殖在园林育苗、植物造型等方面都有着非常重要的作用。但营养繁殖也有其不足之处,如营养苗的根系没有明显的主根,不如实生苗的根系发达(嫁接苗除外),抗性较差,而且寿命较短,对于一些树种,多代重复营养繁殖后易引起退化,致使苗木生长衰弱等。

在园林树木育苗中,常用的营养繁殖方法有:扦插、嫁接、分株、压条、埋条、埋根、组织培养等。

4.1 扦插育苗

扦插繁殖是利用离体的植物营养器官,如根、茎、叶、芽等的一部分,在一定条件下,插入土、沙或其他基质中,经过人工培育使之发育成完整的新植株的繁殖方法。通过扦插繁殖所得的苗木称为扦插苗。

扦插繁殖方法简单,取材容易,成苗迅速,且繁殖系数大,所以成为园林树木营养繁殖育苗的最主要方法。但在生产实践中,并非所有的树木都适于采用扦插育苗。有的植物扦插后容易成活，而有的植物则较难成活。那么究竟什么样的植物、在什么样的条件下以及采用什么样的技术处理才能使扦插成功呢？下面我们从理论和实践的角度作一些具体分析。

4.1.1 扦插生根成活的原理

利用植物的茎、叶等器官进行扦插繁殖，首要任务就是让其生根。由于大多数木本植物的茎、叶等器官不具备根原始体（根原基），发根的位置不固定，故从这些茎、叶产生的根称“不定根”。插穗不定根形成的部位因植物种类而异，通常可分为 3 种类型：一是皮部生根型；二是愈伤组织生根型；三是混合生根型。

1. 皮部生根原理

正常情况下，在木本植物枝条的形成层部位，能够形成许多特殊的薄壁细胞群，称为根原始体或根原基。这些根原始体就是产生大量不定根的物质基础。根原始体多位于髓射线的最宽处与形成层的交叉点上，是由于形成层细胞分裂而形成的。由于细胞分裂，向外分化成钝圆锥形的根原始体，侵入韧皮部，通向皮孔，在根原始体向外发育的过程中，与其相连的髓射线也逐渐增粗，穿过木质部通向髓部，从髓细胞中取得营养物质。

大多数植物的根原始体是在生长末期形成的，当采取的插条已形成根原始体时，则在适宜的温度和湿度条件下，经过很短时间就能从皮孔中长出不定根。因为这种皮部生根较迅速，所以凡是扦插成活容易、生根较快的植物，其生根类型大多是皮部生根。凡是分生组织，特别是形成层发育越好，活的薄壁细胞的营养物质对它供应越多，枝条中根原基的生长发育就越好，生根也越快。

2. 愈伤组织生根原理

任何植物局部受伤后，均有恢复生机、保护伤口、形成愈伤组织的能力。植物体的一切组织，只要是活的薄壁细胞都能产生愈伤组织，但以形成层、髓射线的活细胞为形成愈伤组织的主要部位。在插条切口处，由于形成层细胞和形成层附近的细胞分裂能力最强，因此在下切口的表面形成半透明的、具有明显细胞核的薄壁细胞群，即为初生的愈伤组织。它一方面保护插条的切口免受外界不良环境的影响，同时还有着继续分生的能力。因为初生愈伤组织形成以后，其细胞继续分化，逐渐形成和插条相应组织发生联系的木质部、韧皮部和形成层等组织，最后充分愈合。这些愈伤组织细胞和愈伤组织附近的细胞，在生根过程中都是非常活跃的，它们的不断分化，能形成根的生长点，在适宜的温度、湿度条件下，就能产生大量的不定根。因为这种生根情况是要先长出愈伤组织后诱导出根原基，根原基的进一步发育再分化出根系，需要的时间长，生根缓慢，所以凡是扦插成活较困难、生根较慢的植物，其生根类型大多属于愈伤组织生根类型。插穗被切伤部位形成愈伤组织的能力与组织充实与否密切相关，组织愈充实，细胞所含原生质愈多，愈容易形成愈伤组织。

需要指出的是，皮部生根植物并不意味着愈伤组织不生根，而是以前者为主；反之，亦然。即在皮部生根类型与愈伤组织生根类型之间还有两者混合生根类型。

4.1.2 影响扦插成活的因素

不同植物其生物学特性不同，扦插成活的情况也不同，有难有易。即使是同一植物，不同品种其扦插生根的情况也有差异。这除与植物本身的生物学特性有关外，也与插条的选取以及温度、湿度、土壤等环境条件有关。

1. 影响扦插成活的内在因素

1）植物的遗传特性

不同植物由于其遗传特性的差异，其形态构造、组织结构、生长发育规律和对外界环境的同化及适应能力等都可能有差别。因此，在扦插过程中生根难易程度不同，有的扦插后很容易生根，有的稍难，有的干脆不生根。现将收集到的部分扦插繁殖植物，按生根难易程度归纳为四大类。

（1）极易生根的植物：柳树、杨树、杉木、柳杉、水杉、池杉、落羽杉、黄杨、白蜡、紫穗槐、柽柳、连翘、月季、栀子花、常春藤、木槿、小叶黄杨、南天竹、葡萄、无花果等。

（2）较易生根的植物：泡桐、国槐、刺槐、水蜡树、山茶、野蔷薇、夹竹桃、杜鹃、罗汉松、侧柏、扁柏、花柏、铅笔柏、悬铃木、猕猴桃、石榴等。

（3）较难生根的植物：樟树、槭树、梧桐、苦楝、臭椿、银杏、木兰、海棠、米兰、雪松、龙柏、粗榧、日本白松等。

（4）极难生根的植物：大部分松科、山毛榉科、榆科、槭树科、胡桃科、棕榈科、柿科、杨梅科等。

植物生根的难易，不但科与科不同，属与属不同，即使是同属的植物差异也很大。所以，不能以植物分类学来划分植物扦插生根的难与易，在科属区别上，生根难易是相对的。

2）母树及枝条的年龄

生产实践和科学试验都证实：一般情况下，插穗的生根能力随着母树年龄的增长而降低（见表 4－1）。

表 4－1　母树年龄对插穗生根率的影响＊

生根率 / 年龄 树种	母树年龄（年生）								
	1	2	3	4	5	12	14	25	20
水　杉	92.0	66.0	61.0	42.0	34.0				
油　杉	88.0	86.0	78.0	30.0	20.0				
雪　松				89.0		39.0		11.0	0
油橄榄	28.0				24.0		18.0		

＊：据王涛 1989 年资料整理

关于幼龄母树扦插容易生根的机理，大多数学者认为与插穗内所含的植物内源激素和营养物质有关。年幼的母树再生能力强，含抑制生根物质少，所含营养物质主要用于营养生长，所以其枝条的生根力强，成活率高。与此相反，年龄大的母树，含生根抑制物质多，生根能力弱。所以扦插繁殖时宜从幼龄母树采集枝条作插穗，以提高扦插生根率。

另外，绝大多数树种都是 1 年生枝条再生能力最强，2 年生次之，仅少数树种如杨、柳等才能用多年生的枝条进行扦插。有些树种是完全木质化的枝条再生能力强，但多数树种是半木质化的枝条再生能力强。

某些生根缓慢的针叶树种如雪松、龙柏、罗汉松等，1 年生枝条比较细弱，营养物质含量少，在插条基部可带一部分 2 年生枝条。

3）枝条部位和发育状况

在年龄相同时，发育粗壮的枝条比发育细弱的枝条营养物质含量多，再生能力强。因为插穗内部贮存的营养物质是扦插后插条生根、萌芽和初期生长所需养分的主要来源，特别是碳水化合物含量的多少及碳氮比的大小与扦插能否成活及成活后的生长势有密切的关系。碳水化合物含量高、碳氮比大，则生根率高，发根情况良好。

一般主轴上的枝条较为粗壮，发育良好，再生能力较强；侧枝特别是多次分枝的侧枝发育较弱，生根能力差，扦插后即使成活，生长势也不旺。通常树干基部靠近根处产生的萌条，由于阶段发育年幼，营养生长旺盛，能形成较丰富的营养物质和激素，再生能力最强。这种现象在扦插繁殖时称为“位置效应”。

从同一枝条不同部位截取的插穗其生根能力的强弱在不同植物之间并无共同的规律。杨、柳等容易生根的植物，扦插成活率与部位关系不大，但近梢部的插穗比较细弱，贮存营养物质少，初期苗木生长比较瘦弱，而枝条基部的插穗芽较小，萌发较迟。在针叶树种中，池杉以枝条基段较好，水杉则以梢段和中段较好。

此外，插穗的粗细与长短对于成活率及苗木的生长也有影响。试验证明，年龄相同的插穗越粗越好，而且要有一定的长度。因此，在生产实践中，应该根据需要和可能，采用适当长度的插穗，并掌握“粗枝短剪，细枝长留”的原则。

4）母树起源

一般说来，从实生母树上采集的枝条比扦插起源的母树上采集的枝条生根率高，这是因为实生苗是由种子发芽开始而得的幼苗，阶段发育年龄较幼，枝条生长健壮；而扦插苗是母体发育的延续，阶段发育年龄较老，枝条生长也较瘦弱，因此扦插成活率低。如南京市园林局自 2 年生的雪松实生苗和 2 年生的扦插苗上采取 1 年生的枝条和侧枝，进行扦插试验比较，结果证明了实生苗的 3 种枝条，扦插成活率都很高（表 4 - 2）。

表 4 - 2　同龄(2 年生)雪松实生苗和扦插苗的枝条扦插成活率比较

母　树	实　生　苗			扦　插　苗		
插　条	1 年生枝基段	1 年生枝	侧枝	1 年生枝基段	1 年生枝	侧枝
插条数/根	34	166	22	45	133	17
成活株数/株	34	155	20	13	25	0
成活率/%	100.0	93.4	90.9	28.9	18.8	0

2. 影响扦插成活的外界因素

1）温度

温度对插穗生根的影响表现在气温和地温两个方面，插穗生根要求的地温因树种而异，杨树、柳树等落叶阔叶树种能在较低的地温下（10℃左右）生根，而常绿阔叶树的插条生根则要求较高的地温（23～25℃），大多数树种的最适生根地温是 15～25℃。气温主要是满足芽的活动和叶的光合作用，叶、芽的生理活动虽有利于营养物质的积累和促进生根，但气温升高，使叶部蒸腾加速，往往引起插穗失水枯萎，所以在插穗生根期间最好能创造地温略高于气温的环境。一般在夏季嫩枝扦插时，地温能得到保证，春季硬枝扦插时地温较低，可在插壤下铺 20～50 cm 厚的马粪以增加插壤温度，促进插穗生根。在温室或塑料大棚中，可在插床内铺设电热丝，以控制适宜的地温。

2）湿度

在插穗不定根的形成过程中，空气的湿度、基质的湿度以及枝条本身的含水量是扦插成败的关键，尤其是嫩枝扦插，湿度更为重要。

（1）空气的相对湿度：在扦插生根的过程中，保持较高的空气湿度是扦插生根的重要条件之一，尤其是对一些难生根的植物，湿度更为重要。

插穗扦插，是在脱离母体后进行的。由于扦插后，在不定根形成前没有根系从土壤中吸收水分，而插穗及其叶片的蒸腾作用仍在进行。这种情况如不加以控制，极易引起插穗地上、地下部分水分失去平衡，导致插穗干枯死亡。因此，增大空气相对湿度，控制插穗蒸腾强度，减少水分损失就显得特别重要。

扦插繁殖时，插穗所需的空气相对湿度一般为 90%左右，为此最好采用间歇喷雾装置，也可采用遮荫和加强人工喷水的办法。

（2）基质湿度：扦插时除了要求一定的空气湿度外，基质的湿度同样也是影响插穗成活的一个重要因素。一般基质湿度保持干土重量的 20%～25%即可。

（3）插穗自身的含水量：插穗内的水分含量直接影响扦插成活。因为插穗内的水分保持着插穗自身活力，可使插条易于生根，而且还能加强叶组织的光合作用。插穗的光合作用愈强，则不定根形成得愈快。当插穗含水量减少时，叶组织内的光合强度就会显著降低，因而直接影响不定根的形成。

关于插穗自身的含水量对扦插生根的影响，很多学者做了大量的研究。如苏联对几种植物的研究发现：小蘗插穗中的原始含水量失去 37%以上时，就会完全失去生根能力；八仙花插穗中的原始含水量失去 35%以上，溲疏失水 17%以上，日本杜鹃失水 46%以上，都将完全失去生根能力。从中可知：插穗失水直接影响生根，而且不同植物的插穗失水程度对生根的影响也不一样。

因此，在进行扦插繁殖时，一定要注意保持插穗的自身水分、适宜的基质湿度和空气的相对湿度，最大限度地保持插条活力，以达到促进生根的目的。

3）光照

光照对嫩枝扦插很重要。适宜的光照能保证一定的光合强度，提高插条生根所需要的碳水化合物，同时可以补充利用枝条本身合成的内源生长素，使之缩短生根时间，提高生根率。但光照太强，会增大插穗及叶片的蒸腾强度，加速水分的损失，引起插穗水分失调而枯萎。因此，最好采用全光喷雾的方法，既能调节空气的相对湿度，又能保证光照，有利于生根。

4）扦插基质

插穗的生根成活与扦插基质的水分、通气条件关系十分密切。插条从母树切离之后，由于吸水能力降低，蒸腾仍在旺盛进行，水分供需矛盾相当突出。扦插后未生根的插穗和生长在土壤中的有根植株不同，仅能从切口或表皮在很局限的范围内利用水分。因此，扦插后水分的及时补充十分重要，要求基质保持湿润。同时，插穗生根一般都落后于地上部分萌发，未生根插穗如过量蒸腾，就会失水萎蔫致死，这种现象称为假活。假活时间的长短因树种而异，如春插时，悬铃木约为30～40 d，水杉60～70 d，池杉70～80 d，雪松则长达100～120 d。在这一时期内要经常灌溉或遮荫，以减少插穗蒸腾失水，保持基质湿润。

插穗在生根期间，要求基质有较好的通气性，以保证氧气供给和二氧化碳排出。因此，要避免因过量灌溉造成基质过湿及通气不良而使插穗腐烂死亡。一般扦插苗圃地宜选择结构疏松且排水通气良好的沙土，如有条件，可采用通透性好且持水排水的蛭石、珍珠岩等人工基质，扦插效果则更好。

4.1.3 促进扦插生根的方法

1. 机械处理

在植物生长季节，将枝条环剥、刻伤或用铁丝、麻绳、尼龙绳等捆扎，阻止枝条上部的碳水化合物和生长素向下运输，使其贮存养分。到生长后期再将枝条剪下进行扦插，能显著地促进生根。

2. 黄化处理

即在生长季前用黑色的塑料袋将要作插穗的枝条罩住，使其在黑暗的条件下生长，待其枝叶长到一定程度后，剪下进行扦插。黄化处理对一些难生根的树种，效果很好。由于枝叶在黑暗的条件下，受到无光的刺激，激发了激素的活性，加速了代谢活动，并使组织幼嫩，因而为生根创造了有利的条件。黄化处理枝条，一般需要20 d，效果较好。

3. 加温处理

春天由于气温高于地温，在露地扦插时，易形成先抽芽展叶后生根的效果，以致降低扦插成活率。如果采取措施，人工创造一个地温高于气温的条件，就可以改变上述局面，使插条先生根后抽芽展叶。为此，我们可采用电热温床法（在插床内铺设电热线）或火炕加温法，使插床基质温度达到20～25℃，并保持适当的湿度，以提高扦插成活率。

4. 洗脱处理

洗脱处理对除去插穗中的抑制物质效果很好，它不仅能降低枝条内抑制物质的含量，同时还能增加枝条内水分的含量。

1）温水洗脱处理

将插条放入温水（一般为30～35℃）中浸泡数小时或更长时间，具体时间因树种不同而异。云杉浸泡2 h，生根率可达75%左右。温水洗脱处理对含单宁高的植物较好。

2）流水洗脱处理

将插条放入流动的水中，浸泡数小时，具体时间也因树种不同而异。多数在24 h以内，也有的可达72 h，甚至有的更长。

3）酒精洗脱处理

用酒精处理也可有效地除去插穗中的抑制物质，大大提高生根率。一般使用浓度为1%～3%，或者用1%的酒精和1%的乙醚混合液，浸泡6 h左右，如杜鹃类。

5. 生长素及生根促进剂处理

1) 生长素处理

插穗生根的难易与生长素含量的多少有关。适当增加生长素含量,可加强淀粉和脂肪的水解,提高过氧化氢酶的活性,增强新陈代谢作用,提高吸收水分的能力,促进可溶性化合物向枝条下部运输和积累,从而促进插穗生根。但浓度过大时,生长素的刺激作用将转变为抑制作用,使插穗内的生理过程遭受破坏,甚至引起中毒死亡。因此,在应用生长激素时,要因树制宜,严格控制浓度和处理时间。

在扦插育苗中,刺激生根效果显著的生长素有萘乙酸(NAA)、吲哚乙酸(IAA)、吲哚丁酸(IBA)、2,4-D等。处理方法是用溶液浸泡插穗下端,或用湿的插穗下端蘸粉立即扦插。最适浓度因生长素种类、浸泡时间、母树年龄和木质化程度等不同而异。以萘乙酸为例,对大多数树种的适宜浓度,一般为0.005%~0.01%,将插穗基部2 cm浸泡于溶液中16~24 h。大量处理插穗时也可采用高浓度溶液(如0.03%~0.05%)快浸的方法,只要把插穗下端2 cm浸入浓溶液中2~5 s,取出后即可扦插。浸过的溶液还可利用一次,但再次利用时,要适当延长处理时间。

2) 生根促进剂处理

对于难生根的植物,单一的生长素是很难起到促根作用的。随着对扦插繁殖研究的不断深入,很多综合性的生根促进剂应运而生。ABT生根粉即是中国林科院王涛院士于20世纪80年代初研制成功的一种广谱高效生根促进剂。用示踪原子测定及液相色谱分析证明,ABT生根粉处理插穗,能参与插穗不定根形成的整个生理过程,具有补充外源激素与促进植物内源激素合成的双重功效。

(1) ABT生根粉的特点

① 促进爆发性生根,一个根原基上能形成多个根尖。

② 愈合生根快,缩短了生根时间。

③ 提高了扦插生根率。

(2) ABT生根粉的使用方法

ABT生根粉处理插穗时通常配成一定浓度的溶液浸泡插穗下切口。多数树种的适宜浓度为0.005%、0.01%或0.02%。每克生根粉能浸插穗3 000~6 000个。浸泡插穗的时间,嫩枝为0.5~1 h;1年生休眠枝为1~2 h;多年生的休眠枝为4~6 h。浸泡插穗深度距下切口2~3 cm。

6. 化学药剂处理

用化学药剂处理插穗,能增强其新陈代谢,从而促进插穗生根。常用的化学药剂有:醋酸、蔗糖、高锰酸钾和硝酸银等。例如用5%~10%的蔗糖溶液,浸泡雪松、龙柏、水杉等树种的插穗12~24 h,对促进生根效果显著。用蔗糖处理插穗,其溶液浓度因树种和枝条老嫩程度不同而异,一般浓度范围在1%~10%。再如用0.05%~0.1%的高锰酸钾溶液浸插穗12 h,除能促进生根外,还能抑制细菌繁殖,起到消毒作用。

4.1.4 扦插育苗技术

根据枝条木质化程度的不同,将扦插育苗分为硬枝扦插和软枝扦插两种。

1. 硬枝扦插

用已经完全木质化的枝条作插穗进行扦插育苗的方法称硬枝扦插。它是生产上广泛采用的扦插方法。适用于扦插容易和较容易成活的植物，如杨树、柳树、悬铃木、月季、木槿、花柏等。其主要技术环节包括：

1）扦插时期

硬枝扦插最适宜的时期是春季，一般宜早，在叶芽萌动以前进行扦插，北方冬季结冻地区当土壤解冻后立即扦插。秋插可在土壤结冻前随采随插，不需贮藏插条。但在北方寒冷地区，秋插的插穗易遭冻害。在干旱地区第一芽容易干枯死亡，故一般不在秋季扦插。

2）插条的选取

选择幼龄母树上当年生枝条（在来源缺乏的情况下也可用 2 年生的）或萌生条。要求枝条生长健壮，无病虫害，距主干近，已木质化。剪取插条的时间应在树木停止生长、树液流动缓慢、枝条内养分含量最高的时候，即在落叶以后或开始落叶时。常绿树种的采条期，许多树种在芽苞开放之前采集枝条的生根率高，而且不易腐烂；芽苞开始生长后的枝条，因为养分被生长所消耗，插穗生根率低，而且容易腐烂。

3）插条的贮藏

由于硬枝扦插的时间多在春季，故插条剪下以后需贮藏一个阶段，贮藏的方法以露地埋条较为普遍。选择干燥、排水良好、背风向阳的地方挖沟，将枝条捆扎成束，埋于沟内，盖上湿沙和泥土即可。若枝条过多，可竖些草把，以利通气。在埋藏期间要常检查温度，如发现温度过高要设法降温。

4）插穗的剪取

常用的插穗剪取方法是在枝条上选择中段的壮实部分，剪取长约 10～20 cm 的枝条，每根插穗上保留 2～3 个充实的芽，芽间距离不宜太长。插穗的切口要光滑，上端切口在芽上约 0.5～1 cm 处，一般呈斜面，斜面的方向是长芽的一方高，背芽的一方低，以免扦插后切面积水，较细的插穗则剪成平面也可。下端切口在靠近芽的下方。下切口有几种切法：平切、斜切和双面切，双面切又有对等双面切、高低双面切和直斜双面切（图 4-1）。一般平切养分分布均匀，根系呈环状均匀分布；斜切根多生于斜口一端，易形成偏根，但能扩大与插壤的接触面积，利于吸收水分和养分。双面切与插壤的接触面积更大，在生根较难的植物上应用较多。

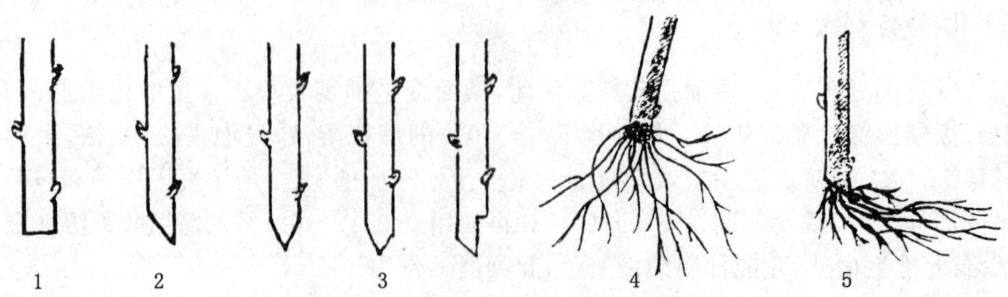

图 4-1　插条下切口形状与生根

1. 平切　2. 斜切　3. 双面切　4. 下切口平切生根均匀　5. 下切口斜切根偏于一侧

5）扦插方法

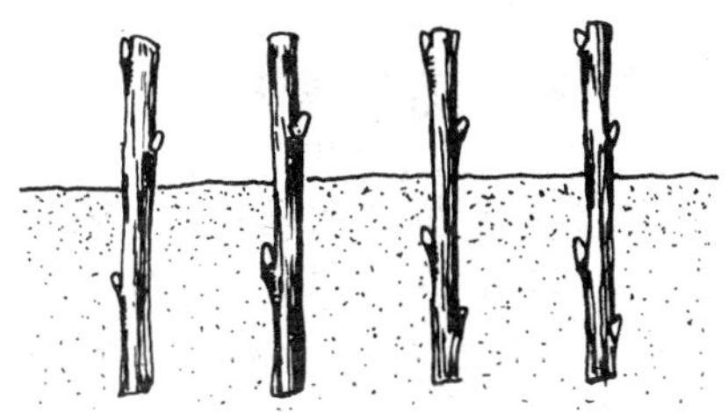

图 4-2　硬枝扦插

扦插时直插、斜插均可，但倾斜不能过大，扦插深度约为插穗长度的 1/2～2/3。干旱地区、砂质土壤可适当深些。注意不要碰伤芽眼，插入土壤时不要左右晃动，并用手将周围土壤压实(图 4-2)。

由于植物特性及应用条件的不同，各地还创造了许多硬枝扦插的方法。主要的有：

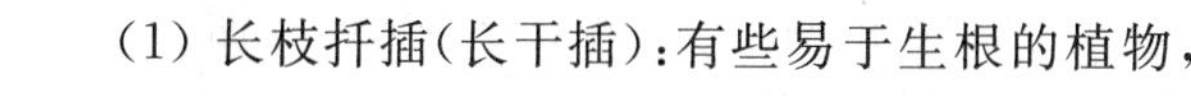

(1) 长枝扦插(长干插)：有些易于生根的植物，可将剪下的整个枝条插入土内，此法可在短期内得到大苗，也可直接插于绿化用地，避免移植手续。

(2) 割插：有些生根困难的树种，可将插穗下端劈开，中间夹以石子等物，使之刺激生根。

(3) 踵状插：在插穗下端附带有老枝的一部分，形如踵足，故称踵状插。这样下端养分集中，易于发根，但每根插条只能制作一个插穗，利用率较低。

2. 软枝扦插

软枝扦插是在生长期中选用半木质化的绿色枝条进行扦插育苗的方法，所以又叫嫩枝扦插或绿枝扦插。有些植物如银杏、松属、紫玉兰、腊梅等，用休眠硬枝扦插不易生根，而用软枝扦插则能取得较好效果。由于软枝插穗对环境条件要求较高，需要细致管理，所以一般主要用于以硬枝扦插育苗成活率较低的植物。

1）采条时间

采条时间要掌握适宜。过早由于枝条幼嫩容易腐烂；过迟生长素减少，生长抑制物质含量增加不利于生根。大部分树种的采条适期在 5～9 月，具体时间因树种和气候条件而异。在早晨采条较好。为防止枝条干燥，避免在中午采条。一般是随采随插，不宜贮藏。

2）选择母树及枝条

采条时应选择生长健壮而无病虫害的幼年母树，对难生根的植物，年龄越小越好。如珙桐、水杉均以 1 年生母树枝条的生根率最高，3 年生的则明显下降。试验证明，有些植物如柳杉的徒长枝的生根率比普通枝高。

3）插穗的截制

插穗一般要保留 3～4 个芽，长度 5～15 cm，插穗下切口为平口或斜切，剪口应位于叶或腋芽之下，插穗带叶，阔叶树一般保留 2～3 个叶片，针叶树的针叶可不去掉，下部可带叶插入基质中。在制穗过程中要注意保湿，随时注意用湿润物覆盖或浸入水中。

4）扦插方法

图 4-3　软枝扦插

软枝扦插因其枝条柔嫩，扦插用地更需整理精细，疏松，常在插床上进行。插穗一般垂直插入土中，扦插深度应根据树种和插穗长短而定，一般为插条总长的 1/3～1/2(图 4-3)。扦插密度以两插穗之叶相接为宜。

4.1.5 插后管理

插穗扦插后应立即灌足第一次水，以后经常保持土壤和空气的湿度（软枝扦插空气湿度更为重要），做好保墒和松土工作。当未生根之前地上部分已展叶，则应摘除部分叶片，在新苗长到15～30 cm时，应选留一个健壮直立的芽，其余的除去，必要时可在行间进行覆草，以保持水分和防止雨水将泥土溅于嫩叶上。硬枝扦插时，对不易生根、生根时间较长的树种应注意必要时进行遮荫，嫩枝扦插后也要进行遮荫以保持湿度。在温室或温床中扦插，当生根展叶后，要逐渐开窗流通空气，使其逐渐适应外界环境，然后再移至圃地。

在空气温度较高而且阳光充足的地区，可采用全光照自动间歇喷雾装置进行扦插育苗，即利用白天充足的阳光进行扦插，以自动间歇喷雾装置来满足插穗生根对空气湿度的要求，保证插穗不萎蔫又有利于生根。使用这种方法对松柏类、常绿阔叶树以及各类花木的硬枝扦插和软枝扦插均可获得较高的生根成活率。但扦插所使用的基质必须是排水良好的蛭石、珍珠岩和粗沙等。目前这种扦插育苗技术在生产上已得到全面推广，并且获得了较好的效果。

4.2 嫁接育苗

4.2.1 嫁接的意义和作用

嫁接繁殖就是将欲繁殖树种的枝条或芽接在另一种植物的茎或根上，使两者结合成为一体，形成一个独立新植株的繁殖方法。通过嫁接繁殖所得的苗木称为“嫁接苗”，它是一个由两部分组成的共生体。供嫁接用的枝或芽称为“接穗”，而承受穗带根的植物部分称为“砧木”。用枝条做接穗的称为“枝接”，用芽做接穗的称为“芽接”。

嫁接繁殖是园林植物和果树培育中一种很重要的繁殖方法。它除具有一般营养繁殖的优点外，还具有其他营养繁殖所无法起到的作用。例如，通过嫁接繁殖，可增加苗木的抗性和适应性；扩大繁殖途径，增加繁殖率；可使一树多种、多头、多花，提高或改变植物的观赏价值或使用价值；还可改造树型，调节树势，救治树体创伤，提高或恢复树木的绿化、美化功能等。

但是嫁接繁殖也有一定的局限性和不足之处。例如，嫁接繁殖一般限于具有亲缘关系的植物，要求砧木和接穗的亲和力强，因而有些植物不能用嫁接方法进行繁殖，单子叶植物由于茎构造上的原因，嫁接较难成活。此外，嫁接苗寿命较短，并且嫁接繁殖在操作技术上也较繁杂，技术要求较高，通常还需要先培育砧木。

4.2.2 嫁接成活的原理

苗木嫁接能否成活，主要决定于砧木和接穗二者的削面，特别是形成层间能否互相密接产生愈伤组织，并进一步分化产生新的输导组织而相互连接。愈合是嫁接成活的首要条件。形成层和薄壁细胞的活动，对嫁接愈合成活具有决定性作用。

嫁接时，砧木和接穗接触面上的破碎细胞与空气接触，其残壁和内含物即被氧化，原生质遭到破坏，产生凝聚现象形成隔离层，它是在伤口的部分表面上的一层褐色的坏死组织。隔离层形成后，由于愈伤激素的作用，使伤口周围的细胞生长和分裂，形成层细胞也加强活动，并使隔离层破裂形成愈伤组织。如果砧木和接穗的形成层配合很好，那么它们产生的愈伤组织可以很快连接，并会加速新形成层的形成。一般嫁接 2～3 周后，在新形成的愈伤组织边缘，与砧、穗二者形成层相接触的薄壁细胞分化成新的形成层细胞。这些新形成层细胞离开原来的砧穗形成层不断向里分化，穿过愈伤组织，直到砧穗间形成层相接为止。在愈伤组织内，新形成的形成层鞘开始正常的形成层活动，沿砧木接穗的原始维管形成层产生新的木质部与韧皮部，将接穗与砧木的木质部导管与韧皮部的筛管沟通起来。这样输导组织才真正连通。愈伤组织外部的细胞分化成新的栓皮细胞，与两者栓皮细胞相连，这时两者才真正愈合成为一个新植株。

嫁接成活的关键在于尽量扩大砧木和接穗形成层的接触面。接触面愈大，接触愈紧密，输导组织沟通愈容易，成活率也愈高。嫁接时要掌握“切削面平滑，形成层对齐，绑扎要牢固”的技术要领。

4.2.3 影响嫁接成活的主要因素

1. 嫁接亲和力

嫁接亲和力是指砧木和接穗两者接合后愈合生长的能力。具体地说，就是砧木和接穗在内部的组织结构上、生理和遗传特性上彼此相同或相似，从而能互相结合在一起的能力。嫁接亲和力是嫁接成活的关键，不亲和的组合，再熟练的嫁接技术和适宜的外界环境条件也不能成活。一般说来，影响嫁接亲和力大小的主要因素是接穗、砧木之间的亲缘关系。如同品种之间进行嫁接(称为共砧)，亲和力最强；同树种不同品种之间嫁接，亲和力稍差；同属异种的则更次之；同科异属的，一般来说其亲和力更弱。但也有些树种，异属之间的嫁接成活也是较高的，如桂花嫁接在女贞上，贴梗海棠嫁接在杜梨上，都能成活。因此，嫁接亲和力的大小，不一定完全取决于亲缘关系，也有其他遗传性状支配的情况。

2. 砧木和接穗的生长特性

砧木生长健壮，体内贮藏物质丰富，形成层细胞分裂活跃，嫁接成活率就高。砧木和接穗在物候期上的差别与嫁接成活也有关，凡砧木较接穗萌动早，能及时供应接穗水分和养分的，嫁接成活率较高；相反，如果接穗比砧木萌动早，易导致失水枯萎，嫁接不易成活。此外，有时由于砧木、接穗在代谢过程中产生树脂、单宁或其他有毒物质，也会阻碍愈合。例如，山桃、山杏为砧木进行芽接时常常流出树胶，而使砧、穗隔离；在嫁接核桃、柿子时常因有单宁而影响成活。

3. 外界环境条件

1）温度

嫁接后砧木和接穗要在一定的温度下才能愈合。不同树种的愈合对温度要求也不一样。一般树种愈伤组织生长的最适温度在 25℃左右，不同树种愈伤组织生长的最适温度与该树种萌发、生长所需的最适温度密切相关。物候期早的如桃、杏愈伤组织生长最适温度较低，为20℃左右；物候期中等的如核桃、苹果、梨树愈伤组织生长的最适温度较高，为20～25℃；物候期晚的如枣则其最适温度更高，达30℃左右。所以，在春季进行枝接时，各树种进行的次序，主要依此来确定。夏、秋季芽接时，温度都能满足愈伤组织的生长，先后次序不很严格，主要是依砧木、接穗停止生长时间的早晚或是依产生抑制物质（单宁、树胶等）多少来确定芽接的早晚。

2）湿度

湿度对嫁接愈合起着至关重要的作用。因为不管是具有分生能力的薄壁细胞还是愈伤组织的薄壁细胞，以及愈伤组织的增殖都需要一定的湿度条件。另外，接穗也只有在较高的湿度条件下才能保持生活力。所以不能保持适宜的湿度往往是嫁接失败的主要原因之一。因此，嫁接后需要采取一定的技术措施来保持接口的湿度，如采用培土方法或套塑料袋、涂接蜡等。近年来广泛使用蜡封接穗保持湿度取得了较好的效果。

3）通气状况

在接合部内产生愈伤组织时需要氧气，因为细胞迅速分裂和生长往往伴随着较高的呼吸作用。空气中的氧气在12%以下或20%以上都会妨碍呼吸作用的进行。在生产实践中往往湿度的保持和空气的供应成为对立的矛盾，因此，在接后保湿时，要注意土壤含水量不宜过高，或以土壤含水量的高低来调节培土的多少，保证愈伤组织生长所要求的空气和湿度条件。

4）光照

光照对愈伤组织的生长有较明显的抑制作用。在黑暗条件下，接口上长出的愈伤组织多，呈乳白色，很嫩，砧、穗容易愈合；而在光照条件下，愈伤组织少而硬，呈浅绿色，砧、穗不易愈合。这说明光线对愈伤组织是具抑制作用的。因此，在生产实践中，嫁接后应创造黑暗条件，采用培土或用不透明的材料包扎，以利于愈伤组织的生长，促进成活。

由上述可见，影响嫁接成活的因素很多，也很复杂，而且各不相同。这些因素并不是孤立的单独起作用，而是相互影响的，它们之间的关系是一个对立统一的整体（图4-4）。因此，不仅要了解各种因素对嫁接成活的影响，还要掌握各种因素之间的主次关系、变化规律，依不同情况灵活应用，以达到嫁接成活的目的。

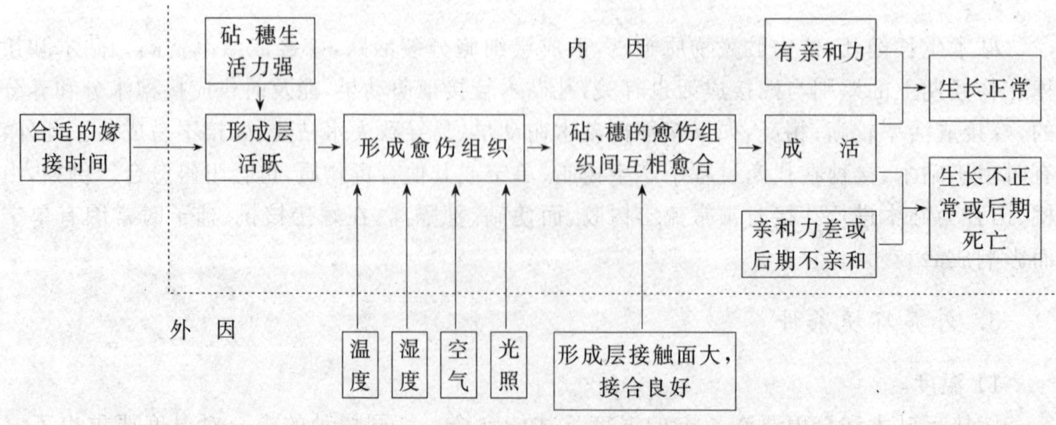

图4-4　影响嫁接成活的诸因素间的相互关系图

在具有亲和力的嫁接组合中，砧木和接穗的生活力是嫁接成活的决定性因素。如果砧、穗的生活力受到破坏，那么一切技术措施和适宜的环境条件，都不会使嫁接成活。在生产实践中，这个因素已被人们所重视。

在影响嫁接成活的各项环境因子中，温度、湿度、通气状况、光照以及嫁接技术等，它们并不是起着完全等同的、平行的作用。实践证明，湿度在上述因素中是起决定性作用的，它直接影响温度、通气状况和嫁接技术所起的作用，也影响砧、穗的生活力。

湿度与温度的关系：春季嫁接时，会受晚霜和寒潮所造成的短期的0℃以下的低温危害，但可通过接后的包扎、埋土等措施来防止春季的低温，使愈伤组织的生长缓慢或不长愈伤组织，但只要保持好湿度，维持砧、穗的生活力，当气温逐渐升高后，仍可愈合而成活，只是所需的时间较长。

湿度与通气状况的关系：湿度过大，造成通气不良，使切口薄壁细胞和愈伤组织窒息而死；湿度过低，接穗干枯，嫁接必然失败。

湿度与嫁接技术的关系：只要很好地保持适宜的湿度，促进愈伤组织的生长和增多，就可以填满由于嫁接技术的不足而使砧、穗间产生的空隙，仍可愈合成活。

至于湿度与接穗生活力的关系，更是非常重要的，没有一定湿度的保证，接穗很快干死，丧失了生活力，也就不可能成活了。这也是在生产中嫁接失败常见的原因。

综上所述，湿度是影响嫁接成活的外界因子中的主导因素。在生产实践中，无论嫁接什么植物，采用什么方法，都必须注意保持适宜的湿度，才能获得较高的嫁接成活率。

4.2.4 砧、穗的相互影响和选择

1. 砧、穗的相互影响

1）砧木对接穗的影响

在进行嫁接繁殖时，所选用的砧木大多数是野生、半野生或是当地生长良好的乡土树种，都具有较强而广泛的适应能力，如抗旱、抗寒、抗涝、抗盐碱、抗病虫害等。因此，一般砧木能增加嫁接苗的抗性。如山定子抗寒力强，可抵抗−50℃的低温，用以做苹果的砧木，可增加苹果的抗寒力，但对盐碱和水涝的抗性较差；而用海棠做苹果的砧木，则既抗涝又抗旱，对黄叶病的抵抗能力也强；枫杨做核桃的砧木能耐多湿瘠薄的土壤。

有些砧木能使嫁接苗生长旺盛，树冠高大，称为“乔化砧”，如山桃、山杏是梅花、碧桃的乔化砧。相反，有些砧木能使嫁接苗生长势变弱，树冠矮小，称“矮化砧”。如寿星桃是桃和碧桃的矮化砧；榅桲可做梨等的矮化砧。这种乔化和矮化的作用，主要与嫁接亲和力及植物的适应性有关，也常因环境的改变而起不同的作用。一般乔化砧苗木寿命长，矮化砧苗木则寿命短。

2）接穗对砧木的影响

嫁接后，砧木根系的生长是靠接穗所制造的养分，因此接穗对砧木也会有一定的影响。例如杜梨嫁接成梨后，其根系分布较浅，且易发生根蘖。

2. 砧木、接穗的选择

1）砧木的选择与培育

选择优良的砧木，是培育嫁接苗的重要技术环节之一。培育嫁接苗时，选择砧木主要依据下列条件：

(1) 与接穗具有较强的亲和力。

(2) 对栽培地区的环境适应能力强，如抗寒、抗旱等。

(3) 对接穗的生长、开花、结果等有良好的影响，如生长健壮、丰产、花艳、寿命长等。

(4) 来源丰富、易于大量繁殖，一般最好选用 1～2 年生健壮的实生苗。

(5) 依园林绿化的需要，培育特殊树形的苗木，可选择特殊性状的砧木。

砧木的培育，多以播种的实生苗为最好。它具有根系深、抗性强、寿命长和易于大量繁殖等优点。但对于种子来源少或不易进行种子繁殖的树种也可采用扦插、分株、压条等营养繁殖苗作为砧木。

砧木的大小、粗细、年龄对嫁接成活和接后的生长有密切关系。实践证明：一般花木和果树所用的砧木，粗度以 1～3 cm 为宜；生长快而枝条粗壮的核桃等，砧木宜粗；而小灌木及生长慢的山茶、桂花等，砧木可稍细。砧木的年龄以 1～2 年生者为最佳，生长慢的树种也可用 3 年以上的苗木作砧木，甚至可用大树进行高接换头，但在嫁接方法和接后管理上应做相应的调整和加强。

为了提早进行嫁接，可采用摘心方法促进苗木的加粗生长；在进行芽接或插皮接时，为使砧木“离皮”，可采用基部培土、加强施肥、灌溉等措施促进形成层的活动，不仅便于操作，还有利于成活。

2) 接穗的选择和贮藏

要选择品种优良纯正、观赏价值或经济价值较高、性状稳定的植株作为采集接穗的母树。在采条时，应选择母树树冠外围，尤其是向阳面光照充足的生长旺盛、发育充实、无病虫害、粗细均匀的 1 年生枝作为接穗。但针叶常绿树接穗可带有一段 2 年生发育健壮的枝条，以提高嫁接成活率并促进生长。

采集接穗，如繁殖量小或离嫁接处近时最好随采随接。如果春季枝接数量大，也可在前一年秋季将接穗采回，而后成捆假植贮藏于假植沟或窖内。早春气温升高时，要遮荫保持低温，防止接穗与砧木萌发期不一致，影响成活。待春季嫁接时，再随时取用。近年来有些苗圃采用蜡封法贮藏接穗，效果甚好。所谓蜡封法贮藏就是将秋季落叶后采回的接穗，在60～80℃的溶解石蜡中速沾，将枝条全部蜡封，放在 0～5℃的低温条件下贮藏(冷藏箱中)，翌年随时都可取出嫁接，直到夏季取出已贮存半年以上的接穗，接后成活率仍很高。这种方法不仅有利于接穗的贮存和运输，并且可有效地延长嫁接时间，所以在生产上已得到广泛应用。

芽接用的接穗更应随采随接，如果不具备这种条件，一次采回的接穗数不能过多，并要立即剪去嫩梢，摘去叶片，保留叶柄，并用湿布包裹。接穗运回后，将其下部及时浸于水中，置阴凉处，每天换水 1～2 次。也可将接穗插于湿沙中，上盖湿布，每天喷水 2～3 次，这样可以保持 4～5 d。如将接穗放于具较低温度和较高湿度的塑料大棚内，则还可贮存得长久些。

4.2.5 嫁接的时期

嫁接的时期与各树种的生物学特性、物候期和选用的嫁接方法有密切关系，掌握树种的生物学特性，选用适当的嫁接方法，在适当的嫁接时期进行嫁接是保证嫁接成活率的关键。

凡是生长季节都可进行嫁接，只是在不同的时期所采用的方法不同。也有在休眠期的冬季进行嫁接的，实际上是把接穗贮存在砧木上，但不便管理，一般不常采用。

目前在生产实践中，枝接一般在春季3～4月，芽接一般在夏秋季的6～8月，但也有在春季用带木质部芽接或夏季用嫩枝枝接的，都能成活。加上冬季可以进行室内嫁接，所以说嫁接一年四季都能进行，但一般以下列时间最为适宜。

1）枝接时间以早春为好

早春进行枝接，正是一般树种形成愈伤组织最有利的温度到来之前，使从嫁接到成活的时间大大缩短，故是最适宜的嫁接时期。但由于树种特性和各地环境条件的不同，也有例外的情况，如河南鄢陵在9月下旬枝接玉兰；山东菏泽地在9月下旬枝接牡丹。

2）芽接时间以夏末秋初为好

芽接的接穗（接芽）采自当年新梢，故应在新梢芽成熟之后。过早芽不成熟，过迟不易离皮，操作不便。但也有例外的情况，如北京用芽接法嫁接龙爪槐，最适时间在5月份。另外，目前普遍采用的贴芽接法是一种带木质部的芽接法，由于不必离皮，其芽接的时间可延长至9月份。

4.2.6 嫁接前的准备工作

在选择好适宜的砧木和采集好接穗后，主要进行嫁接工具、包扎和覆盖材料的准备工作。

1. 嫁接工具

嫁接繁殖工具主要有刀、剪、凿、锯、撬子、手锤等。正确地使用这些工具，不但可提高工效，而且能使切面平滑、密接，有利于愈合，从而提高嫁接成活率。

嫁接刀有切接刀、劈接刀、芽接刀、根接刀和单面刀片等。另外，据不同的嫁接材料可自制刀具，如用于柿子方块芽接的自制刀具，可用钟表发条或锯条制作；在多头高接时，可用锯、凿子、撬子等进行劈接。

2. 涂抹和包绑材料

涂抹材料通常为接蜡，用来涂抹接合部和接穗剪口，以减少砧穗的水分丧失，促使愈合组织产生，防止雨水、微生物侵入和伤口腐烂，从而提高嫁接成活率。接蜡有固体和液体两种。

（1）固体接蜡：由松香、黄蜡、猪油（或植物油）按4∶2∶1的比例配成。先将油加热至沸，再将松香、黄蜡倒入充分溶化，然后冷却凝固成块。用前需加热溶化。固体接蜡成本低，保存易，但用时为保持溶化状态，需加热，很不方便。

（2）液体接蜡：由松香、猪油、酒精按16∶1∶18的比例配成。先将松香溶于酒精中，随后加入猪油，充分搅拌即成。液体石蜡使用方便，只要用毛笔蘸取，涂于接口，待酒精挥发后即成蜡膜，但易挥发，保存难，成本高。

目前，随着塑料薄膜包扎应用的推广，除难以用薄膜包扎而采用接蜡外，其他已较少采用。

包绑材料使接穗与砧木密接，保持接口湿度，防止接位移动。嫁接中现多用塑料薄膜条，因其具弹性、韧性，并能保湿。如湿度低，可在已绑好的接口上再用小塑料袋套住并绑一次，以便保湿。如南京伊刘苗圃采用此法嫁接玉兰，有效地提高了嫁接成活率。

4.2.7 嫁接的方法

嫁接的方法很多，其操作技术也有较大的差异，但总的可概括为两大类：枝接类和芽接类。

1. 枝接类

凡是以带芽的枝条为接穗的嫁接方法统称为枝接。其优点是嫁接苗生长较快，在嫁接时间上不受树木离皮与否的限制，春季可及早进行，嫁接苗当年萌发，秋季可出圃。但不如芽接节省接穗，嫁接技术也较复杂。常用的枝接方法主要有：

1）切接法

是枝接中最常用的方法，适用于大部分园林树种。砧木宜选用切口直径 1～2 cm 粗的幼苗，在距地面 5 cm 左右处截断，削平切面后，在砧木一侧垂直下刀（略带木质部，在横断面上约为直径的 1/5～1/4），深达 2～3 cm；砧木切好后，再剪取接穗，以保留 2～3 个芽为原则，长度 10～15 cm。把接穗正面削一刀长 3 cm 的斜切面，在长削面背面再削一短切面，长 1 cm，接穗上端的第一个芽应在小切面的一边。将削好的接穗插入砧木切口中，使形成层对准，砧、穗的削面紧密结合，再用塑料条等捆扎物捆好，必要时可在接口处涂上接蜡或泥土，以减少水分蒸发，一般接后都采用埋土办法来保持湿度（图 4-5）。

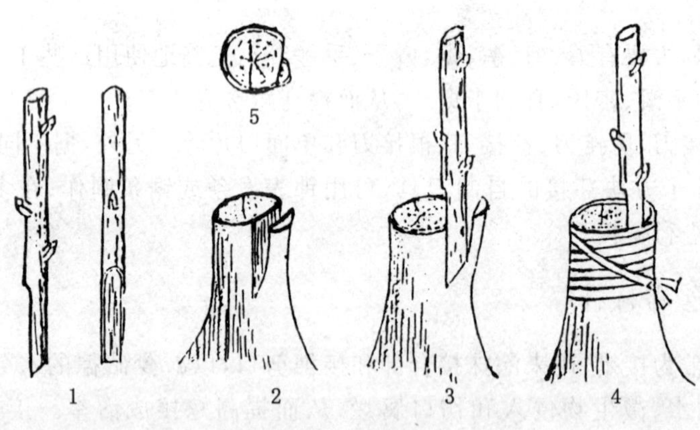

图 4-5 切接

1. 削接穗 2. 纵切砧木 3. 砧穗结合 4. 绑扎 5. 形成层结合断面

2）劈接法

劈接法又称割接法，接法与切接略同，适用于大部分落叶树种。要求选用砧木的粗度为接穗粗度的 2～5 倍。砧木自地面 5 cm 左右处截断后，在其横切面上的中央垂直下切，劈开砧木，切口长达 2～3 cm；接穗下端则两侧切削，呈一楔形，切口长 2～3 cm，将接穗插于砧木中，靠在一侧，使形成层对准，砧木粗时可同时插入多个接穗，用绑扎物捆紧。由于切口较大，要注意埋土，防止水分蒸发影响成活（图 4-6）。

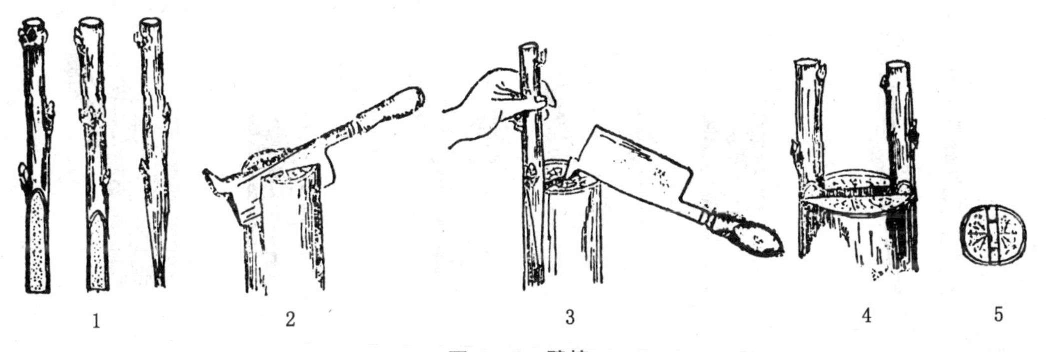

图 4-6 劈接

1. 削接穗 2. 劈砧木 3. 插入接穗 4. 双穗插入 5. 形成层结合断面

3) 插皮接

插皮接是枝接中最易掌握、成活率最高、应用也较广泛的一种方法。但要在砧木容易离皮的情况下才能进行，适用于直径较粗的砧木，细砧木不可用插皮接。在园林苗木生产上用此法高接和低接的都有。一般在距地面 5～8 cm 处断砧，削平断面，选平滑顺直处，将砧木皮层垂直切一小口，长度比接穗切面略短。接穗下端削成长 3～5 cm 的斜面，厚 0.3～0.5 cm，背面末端削一 0.5～0.8 cm 的小斜面，削好后的接穗上应保留 2～3 个芽。接时，将削好的接穗在砧木切口处沿木质部与韧皮部中间插入，长削面朝向木质部，并使接穗背面对准砧木切口正中，削面上部也要“留白”0.3～0.4 cm。如果砧木较粗或皮层韧性较好，砧木也可不切口，直接将削好的接穗插入皮层即可。最后用塑料薄膜条绑缚(图 4-7)。

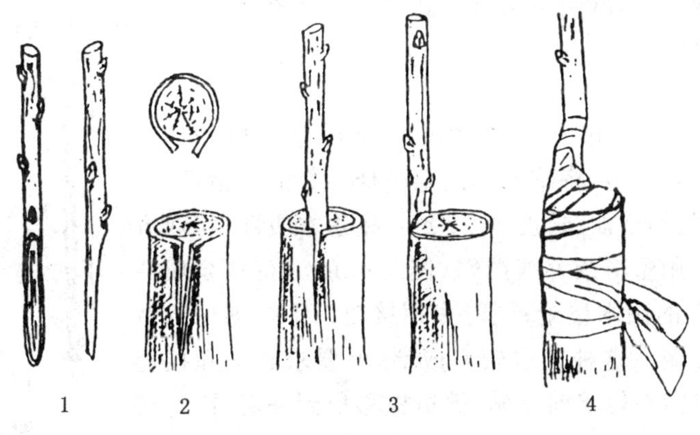

图 4-7 插皮接

1. 削接穗 2. 剪砧木 3. 插入接穗 4. 绑扎

4) 腹接法

腹接法又称腰接，是在砧木腹部进行的枝接。砧木不去头，或仅剪去顶梢，待成活后再剪除上部枝条。多在生长季 4～9 月进行，常用于龙柏、五针松等针叶树种的繁殖。砧木的切削应在适当的高度，选择平滑面，自上而下深切一刀，切口深入木质部，达砧木直径的 1/3 左右，切口长 2～3 cm，此种削法为普通腹接；亦可将砧木横切一刀，竖切一刀，呈一“T”字形切口，把接穗插入，绑捆即可，此法为皮下腹接(图 4-8)。

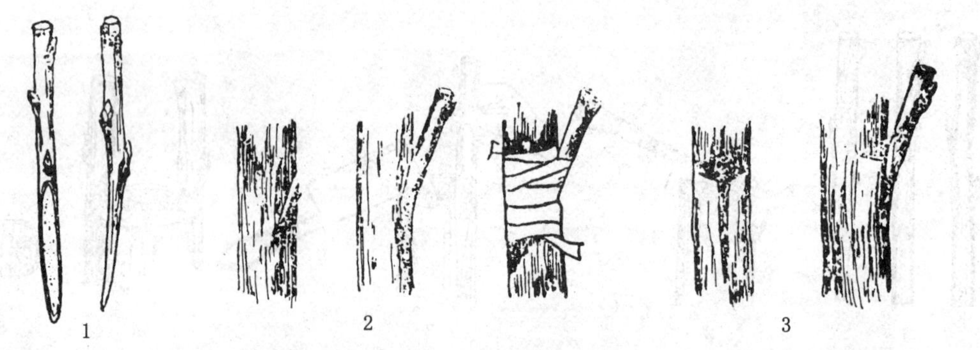

图 4-8　腹接

1. 接穗切削正、侧面　2. 普通腹接　3. 皮下腹接

5）合接和舌接

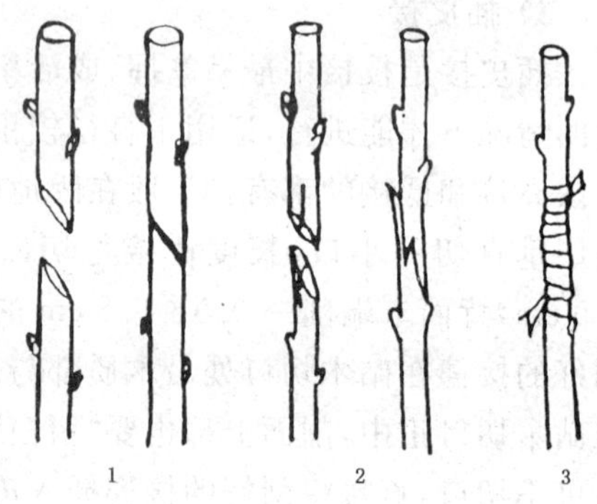

图 4-9　合接和舌接

1. 合接　2. 舌接　3. 结合捆扎

合接和舌接适用于较细的砧穗，砧木和接穗的粗度最好一致或相近。合接即将接穗和砧木各削成一长度约为 3～5 cm 的斜削面，把二者削面对准形成层对搭起来，绑扎严密即可。注意绑扎时不要错位。

舌接的砧穗削法与合接相同。只是削好后再于各自削面距顶端 1/3～1/2 处纵切，深度约为削面长度的 1/3，呈舌状。接时将砧穗各自的舌片插入对方的切口，并使形成层吻合（至少对准一边），然后进行绑捆包扎、保湿（图 4-9）。

6）靠接法

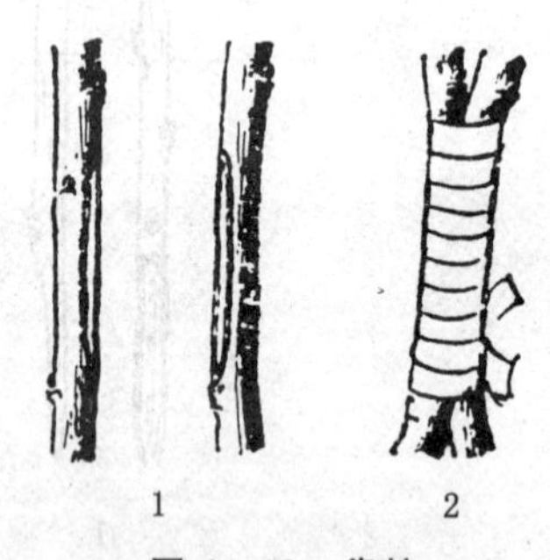

图 4-10　靠接

1. 砧、穗切削　2. 接合捆绑

靠接法主要用于亲和力较差，嫁接成活困难的树种如山茶、桂花等。在生长季节，将砧木和接穗植株相邻的光滑部位，各削一长度相应的切削面，长度 3～6 cm，深达木质部，将双方形成层相互对准，用塑料条绑缚严密（图 4-10）。待愈合成活后，剪去接口以上的砧木枝干；同时去掉接口以下接穗株的茎干，即成一株嫁接苗。这种方法较易成活，但要求砧木和接穗都带有根系，并且需在嫁接前将砧、穗植株移植到一起，或将接穗植株栽于盆中，嫁接时搬到砧株旁，比较费工。

7）髓心形成层对接法

多用于针叶树种的嫁接。以砧木的芽开始膨胀时嫁接最好，也可在秋季新梢充分木质化时进行嫁接。具体方法如图 4-11 所示。

（1）接穗的削取：剪取带顶芽长约 8～10 cm 的 1 年生枝作接穗。除保留顶芽以下十余束针叶和 2～3 个轮生芽外，其余针叶全部摘除。然后从保留的针叶 1 cm 左右以下开刀，逐渐向下通过髓心平直切削成一削面，削面长 6 cm 左右，再将接穗背面斜削一小斜面。

（2）砧木的削切：利用主干顶端 1 年生枝作砧木。在略粗于接穗的部位摘掉针叶，其摘去针叶部分的长度略长于接穗削面。然后从上向下沿形成层或略带木质部切削，削面长度

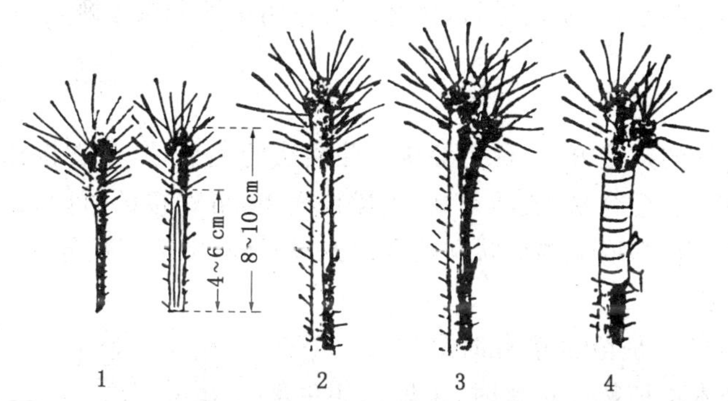

图 4－11　髓心形成层对接法

1. 削接穗　2. 削砧木　3. 接合　4. 绑扎

皆同接穗削面，下端斜切一刀，去掉切开的砧木皮层，斜切长度与接穗小斜面相当。

(3) 嫁接：将接穗长削面向里，使形成层对齐，小削面插入砧木切面的切口内，最后用塑料薄膜条绑扎严密。待接穗成活后，再剪去砧木枝头。为保持接穗萌发枝的生长优势，可用摘心法控制砧木各侧生枝的生长势。

另外，对针叶树采用髓心形成层对接法进行地面嫁接或顶梢嫁接，有利于克服嫁接苗偏冠现象。在嫁接时剪砧，形同切接法，称“新对接法”(图 4－12)。此法对杉木和松类都有良好效果。

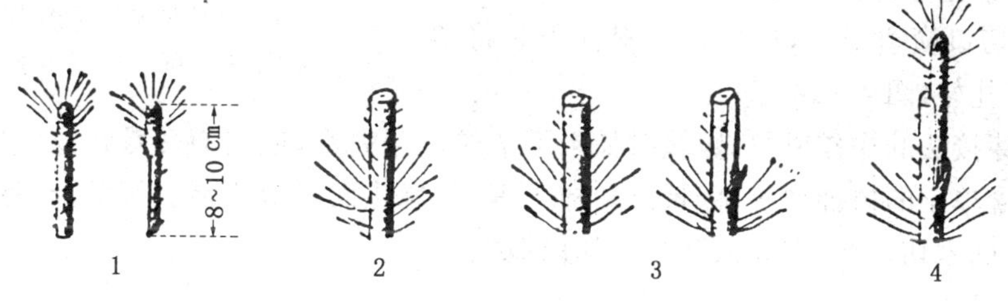

图 4－12　髓心形成层新对接法

1. 接穗　2. 剪砧　3. 切砧　4. 对合

8) 根接法

根接法就是剪取树根做砧木进行枝接。在嫁接方法上可用劈接、腹接或插皮接。依据砧木和接穗粗细的不同，可以正接，即在砧根上壁切接口(图 4－13)，也可以倒接，即在接穗的下端劈切接口，而将砧根削成接穗状楔形削面进行嫁接。只要操作得当，此法嫁接成活率

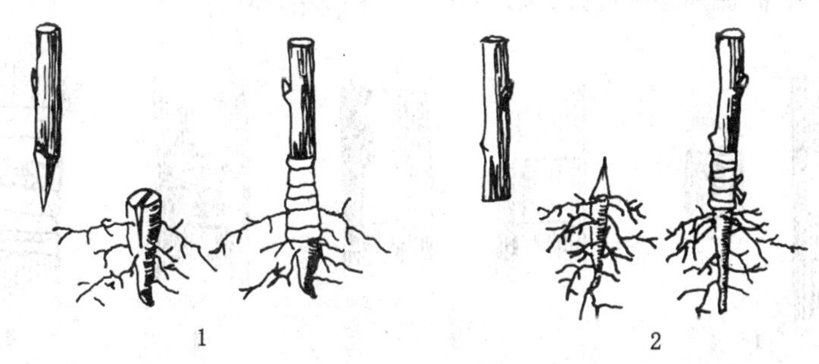

图 4－13　根接

1. 正接　2. 倒接

较高，亦可在休眠期(冬季)于室内进行，接好绑缚后用湿沙分层堆藏，翌春栽植，效果很好。

2. 芽接类

凡是用芽做接穗的嫁接方法，称为芽接。芽接法的优点是：节省接穗，砧木用1年生苗即能嫁接，接合牢固，愈合容易，成活率高，且操作简单，可嫁接的时间长，未成活的可补接，便于大量繁殖苗木。根据取芽的形状和接合的方式不同，常把芽接分为以下几种方法。

1) “T”字形芽接

又叫“盾状芽接”。是苗木培育时最常用的嫁接方法。适用于各种木本植物。芽接时，采取当年生新鲜枝条为接穗，除去叶片，留有叶柄。按顺序自接穗上切取盾形芽片。削芽片时先从芽上方0.5 cm左右横切一刀，刀口长约0.8～1 cm，深达木质部。再从芽片下方1 cm左右连同木质部向上切削到横切口处取下芽。取芽一般不带木质部。然后，于砧木距地面5～8 cm的光滑部位横切一刀，长约1 cm左右，深度以切断皮层为准，再从横切口中间向下垂直切一刀，使切口呈“T”字形。用芽接刀尾部撬开切口皮层，手持芽片的叶柄把芽片插入切口皮层内，使芽片上边与“T”字形的切口横边对齐，最后用塑料薄膜条将切口自下而上绑扎好(图4-14)。

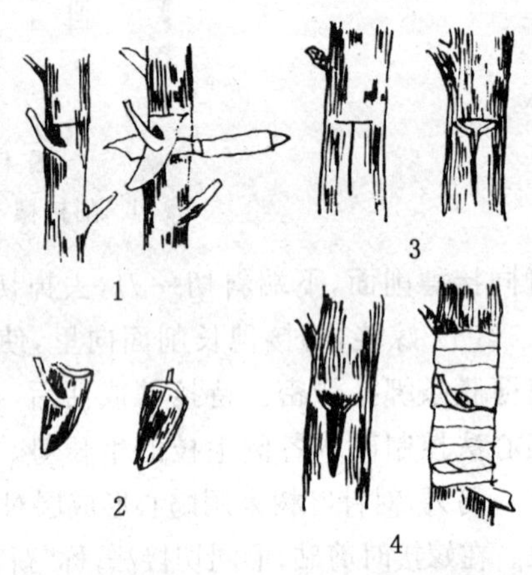

图4-14 “T”字形芽接

1. 削取芽片 2. 芽片形状
3. 砧木切削 4. 芽片插入绑扎

另外，芽接法的操作要快，嫁接时如果干旱或接芽失水，或削面暴露在空气中的时间过长，尤其是含单宁的树种如核桃、板栗和柿子等，易氧化而影响成活。因此，在芽片削取后，要迅速开好砧木切口，立即插入芽片并加以捆扎。

2) 方块芽接

此法比“T”字形芽接操作复杂，一般树种多不选用。但这种方块形芽片与砧木的接触面大，有利成活，因此适用于柿、核桃等嫁接较难成活的树种。

方块芽接时，在接穗上切削深达木质部的长方形芽片，一般长1.8～2.5 cm，宽1～1.2 cm，先不取下来，在砧木上按接芽上下口的距离，横切相应长短的皮层，并在右边竖切一刀，掀开皮层，然后再把接芽取下，放进砧木切口，使右边切口互相对齐，在接芽左边把砧木皮层切去一半，留下的砧木皮仍包住接芽，最后加以绑缚(图4-15)。

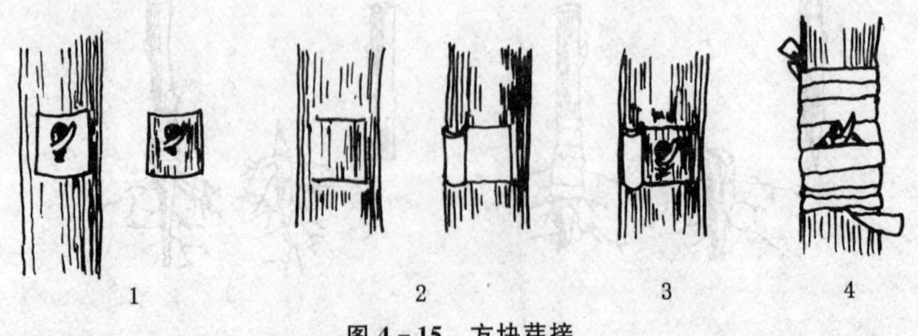

图4-15 方块芽接

1. 切削芽片 2. 切砧木 3. 芽片嵌入 4. 绑扎

3）嵌芽接

嵌芽接是带木质部芽接的一种方法，当不便于切取芽片时常采用此法。适合春季进行嫁接，可比枝接节省接穗，成活良好。适用于大面积育苗。

接穗上的芽，自上而下切取，在芽的上部往下平削一刀，在芽的下部横向斜切一刀，即可取下芽片，一般芽片长 2～3 cm，宽度不等，依接穗粗细而定。砧木的切削是在选好的部位由上向下平行切下，但不要全切掉，下部留有 0.5 cm 左右，将芽片插入后把这部分贴到芽片上捆好。在取芽片和切砧木时，尽量使两个切口大小相近，形成层上下左右部分都能对齐，才有利于成活（图 4－16）。

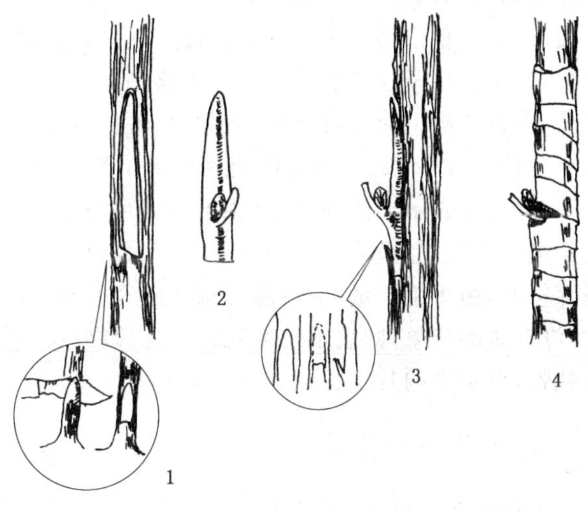

图 4－16　嵌芽接（带木质部芽接）

1. 取芽片　2. 芽片形状　3. 嵌贴芽片　4. 绑扎

4）环状芽接

环状芽接又称套接，于春季树液流动后进行。用于皮部易于脱离的树种。砧木先剪去上部，在剪口下 3 cm 左右处环切一刀，拧去此段树皮。在同样粗细的接穗上取下等长的管状芽片，套在砧木的去皮部分，勿使皮破裂，不用捆绑也可。此法由于砧、穗接触面大，形成层易愈合，可用于嫁接较难成活的树种（图 4－17）。

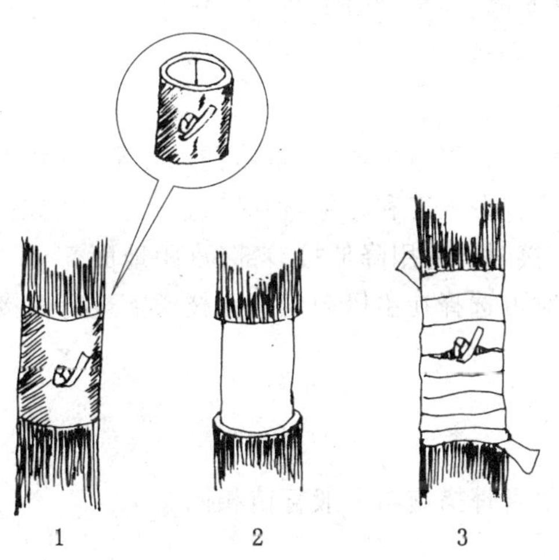

图 4－17　环状芽接（套接）

1. 环状芽切削　2. 砧木切削　3. 套接完成

4.2.8　嫁接后的管理

1. 检查成活率及松除捆扎物

枝接一般在接后 20～30 d，可进行成活率的检查。接活后接穗上的芽新鲜、饱满，甚至已经萌动，接口处产生愈伤组织；未成活则接穗干枯或变黑腐烂。对未成活的可待砧木萌生新枝后，于夏秋采用芽接法进行补接。在进行成活率检查时，可将绑扎物解除或放松，接后进行埋土的，扒开检查后仍需以松土略加覆盖，防止因突然曝晒或吹干而死亡。待接穗萌发生长，自行长出土面时，结合中耕除草，平掉覆土。

芽接一般 7～14 d 即可检查其成活情况。接芽上有叶柄的检查很方便，用手指轻触叶柄，一触即落表示成活，叶柄干枯不落表示很有可能已死亡。接芽不带叶柄的，则需解除缚扎物进行检查，如果芽片新鲜，已产生愈合组织的，表示嫁接成活，把缚扎物重新扎好。春、夏芽接的，由于生长量大，可能嫁接芽已经萌动，甚至抽生新枝，更容易鉴别。如果芽片已干枯，没有萌动迹象，则表示已经死亡。凡嫁接成活者，在萌发新梢长至 2～3 cm 时，及时解除缚扎物，以免影响其生长。

2. 剪砧和去萌蘖

进行芽接的树种，芽接后已经成活的必须进行剪砧，以促进接穗的生长。一般树种大多可采用一次剪砧，即在嫁接成活后，春天开始生长前，将砧木自切口处上边剪去，剪口要平，以利愈合。

对于成活困难的树种，如腹接的松柏类，靠接的山茶、桂花等，不要急于剪砧，可采用二次剪砧，即第一次剪砧时留下一部分砧木枝条，以帮助吸收水分和制造养分供给接穗，用砧木的枝条来辅养接穗，这种状况甚至可保持 1～2 年，如腹接的龙柏、五针松等就是这样，常采用多次剪砧。

嫁接成活后，往往在砧木上还会萌发不少萌蘖，与接穗同时生长，这对接穗的生长很不利。对这些砧木上产生的萌蘖，均需及时去除。

3. 立柱扶持

接穗在生长初期很娇嫩，如果遭到损伤，常常前功尽弃，故需及时立支柱将接穗轻轻缚扎住，进行扶持。这项工作较费人工和材料，但必须进行。特别是皮下接，接口不牢固，要给予足够重视。在大面积嫁接时可采用降低接口部位(距地面 5 cm 左右)，在接口部位培土的方法解决。另外，在嫁接时可选择在主风向的一面枝条上进行嫁接，对于防止接穗被风吹折有一定的效果。

4. 其他管理

水、肥及病虫害防治等管理措施与一般育苗相同。

4.3 压条繁殖

压条繁殖是将未脱离母体的枝条压入土内或在空中包以湿润材料，待生根后把枝条切离母体，成为独立新植株的一种繁殖方法。此法简单易行，成活率高，但受母株的限制，繁殖系数较小，且生根时间较长。因此，压条繁殖多用于扦插繁殖不易生根的树种，如玉兰、桂花、米仔兰等。

4.3.1 压条的时期

压条的时期依压条的方法不同而异，可分为休眠期压条和生长期压条。

1. 休眠期压条

在秋季落叶后或早春发芽前，利用一二年生的成熟枝条进行。休眠期压条多采用普通压条法。

2. 生长期压条

一般在雨季进行，北方常在夏季，南方常在春、秋两季，用当年生的枝条压条。在生长期进行的压条多采用堆土压条法和空中压条法。

4.3.2 压条的种类和方法

压条的种类和方法很多(图 4－18)，依其埋条的位置不同分为低压法和高压法。

1. 低压法

根据压条的状态不同又分为普通压条法、水平压条法、波状压条法及堆土压条法。

1）普通压条法

普通压条法是最常用的一种压条方法。适用于枝条离地面比较近而又易于弯曲的树种，如夹竹桃、栀子花、大叶黄杨等。方法是将近地面的一二年生枝条压入土中，顶梢露出土面，被压部位深约 8～20 cm，视枝条大小而定，并将枝条刻伤，促使其发根。枝条弯曲时注意要顺势不要硬折。如果用木钩(枝叉也可)钩住枝条压入土中，效果更好。待其被压部位在土中生根后，再与母株分离。这种压条方法一般一根枝条只能繁育一株幼苗，且要求母株四周有较大的空地。

2）水平压条法

适用于枝条长且易生根的树种，如迎春、连翘等。通常仅在早春进行。具体方法是将整个枝条水平压入沟中，使每个芽节处下方产生不定根，上方芽萌发新枝，待成活后分别切离母体栽培。一根枝条可得数株苗木。

3）波状压条法

适用于枝条长且柔软或蔓性的树种，如葡萄、紫藤等。将整个枝条波浪状压入沟中，枝条弯曲的波谷压入土中，波峰露出地面。以后压入地下部分产生不定根，而露出地面的芽抽生新枝，待成活后分别与母株切离成为新的植株。

4）堆土压条法

又称“直立压条法”，被压的枝条不需弯曲，凡分蘖性强的树种或丛生树种，如贴梗海棠、八仙花等，均可使用此法。方法是将母株在冬季或早春于近地面处剪断，灌木可从地际处抹头，乔木可于树干基部 5～6 个芽处剪断，促其萌发出多数新枝。待新生枝长到 30～40 cm 高时，对新生枝基部刻伤或环状剥皮，并在其周围堆土埋住基部，堆土后应保持土壤湿润。堆土时注意用土将各枝间距排开，以免后来苗根交错。一般堆土后 20 d 左右开始生根，休眠期可扒开土堆，将每个枝条从基部剪断，切离母体而成为新植株。

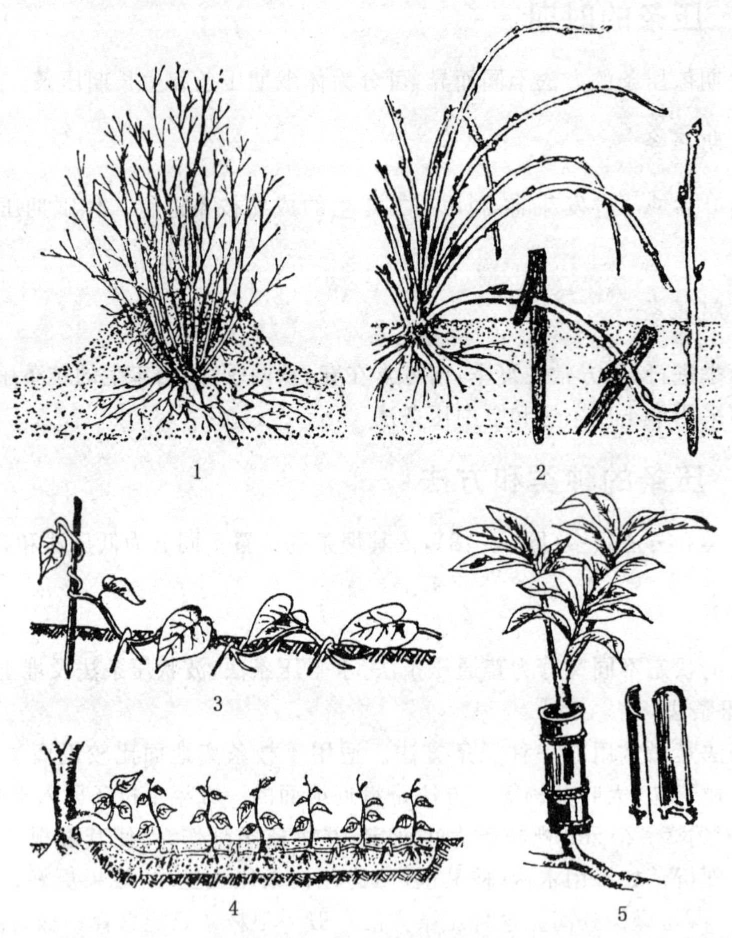

图 4-18 压条的各种方法

1. 堆土压条 2. 普通压条 3. 波状压条 4. 水平压条 5. 空中压条

2. 高压法

高压法又称空中压条法。凡是枝条坚硬、不易弯曲或树冠太高、不易产生萌蘖的树种均可采用。高压法一般在生长期进行,将枝条上被压处进行环状剥皮或刻伤处理,然后用塑料袋或对开的竹筒等套在被刻伤处,内填沃土或苔藓或蛭石等疏松湿润物,用绳将塑料袋或竹筒等扎紧,保持湿润,使枝条接触土壤的部位生根,然后与母株分离,取下栽植成为新的植株。

4.3.3 促进压条生根的方法

对于不易生根的或生根时间较长的植物,可采取技术处理以促进生根。促进压条生根的常用方法有:刻痕法、切伤法、缢缚法、扭枝法、劈开法、软化法、生长刺激法以及改良土壤法等。

以上各种方法,皆是为了阻滞有机物质(碳水化合物等)的向下运输,而向上的水分和矿物质的运输则不受影响,使养分集中于处理部位,有利于不定根的形成。同时,也有刺激生长素产生的作用。

4.3.4 压条后的管理

压条之后应保持土壤适当湿润，并要经常松土除草，使土壤疏松，透气良好，促使生根。冬季寒冷地区应予以覆草，免受霜冻之害。随时检查埋入土中的枝条是否露出地面，如已露出必须重压。留在地上的枝条若生长太长，可适当剪去顶梢，如果情况良好，对被压部位尽量不要触动，以免影响生根。

分离压条的时间，以根的生长情况为准，必须有了良好的根群方可分割。对于较大的枝条不可一次割断，应分 2～3 次切割。初分离的新植株应特别注意保护，及时灌水、遮荫等。畏冷的植株应移入温室越冬。

4.4 分株繁殖

在苗木的培育中，分株繁殖法适用于易生根蘖或茎蘖的园林树木。刺槐、臭椿、枣等树种常在根上长出不定芽，伸出地面形成一些未脱离母体的小植株，这就是根蘖。珍珠梅、黄刺梅、绣线菊、迎春等灌木树种，多能在茎的基部长出许多茎芽，也可形成许多不脱离母体的小植株，这就是茎蘖，这类花木都可以形成大的灌木丛。把这些大灌木丛用刀或铣分别切成若干个小植丛进行栽植，或把根蘖从母树上切挖下来形成新的植株，这种从母树上分割下来而得到新植株的方法就是分株繁殖。

4.4.1 分株时期

主要在春、秋两季进行，由于分株法多用于花灌木的繁殖，因此要考虑到分株对开花的影响。一般春季开花植物宜在秋季落叶后进行，而秋季开花植物应在春季萌芽前进行。

4.4.2 分株方法

1. 侧分法

在母株一侧或两侧将土挖开，露出根系，然后将带有一定基干(一般 1～3 个)和根系的萌株带根挖出，另行栽植(图 4－19)。用此种方法，挖掘时注意不要对母株根系造成太大的损伤，以免影响母株的生长发育，减少以后的萌蘖。

2. 掘分法

将母株全部带根挖起，用利刀或利斧将植株根部分成几份，每份的地上部均应各带 1～3 个基干，地下部带有一定数量的根系，分株后适当修剪，再另行栽培(图 4－19)。

另外，分株繁殖可结合出圃工作进行。在对出圃苗木的质量没有影响的前提下，可从出圃苗上剪下少量带有根系的分蘖枝，进行栽植培养，这也是分株繁殖的一种形式。

分株繁殖简单易行，成活率高。但繁殖系数小，不便于大量生产，多用于名贵花木的繁殖或少量苗木的繁殖。

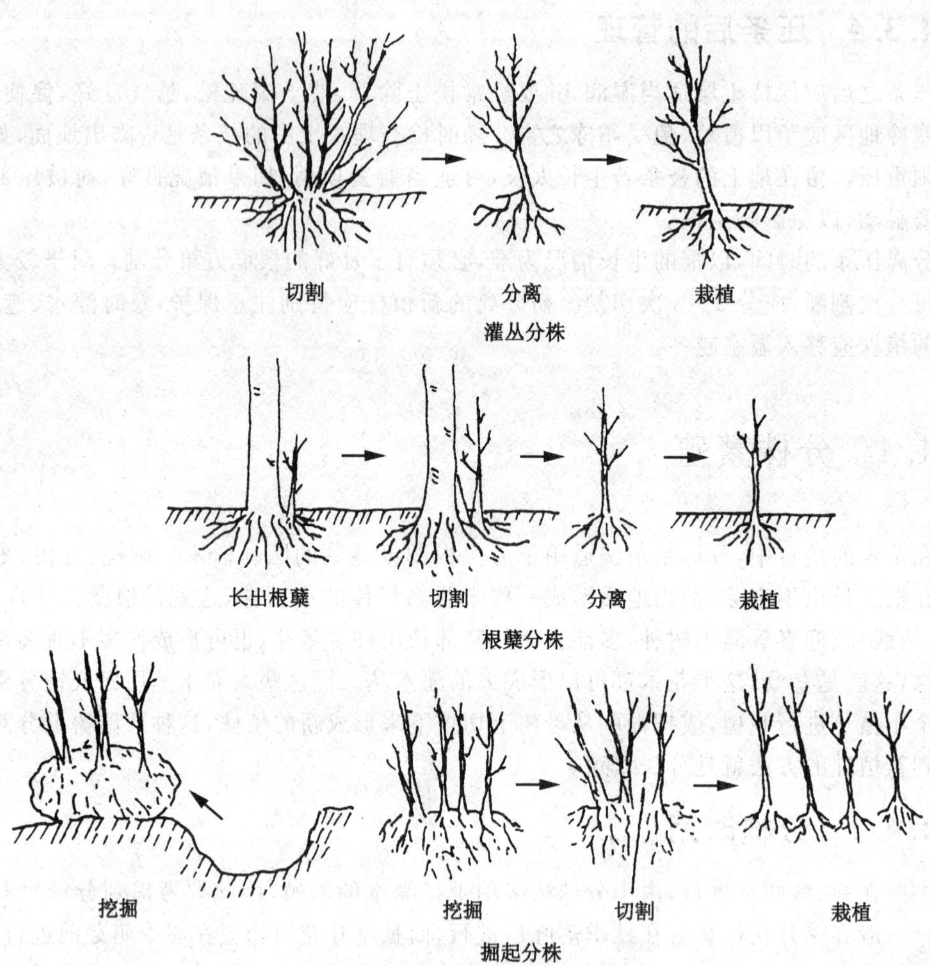

图 4-19　分株繁殖

5 大苗培育

在城镇、居民小区、旅游区、风景区、公园、高速公路、道路等绿化美化中都采用大规格苗木栽植。其原因有二:第一,选用大苗进行绿化美化施工,可以收到立竿见影的效果,很快满足绿化功能、防护功能及人们观赏活动等的要求。第二,由于绿化环境复杂,人类对树木的影响和干扰破坏很大,以及土壤、空气、水源的严重污染,建筑密集拥挤都极大地影响树木的生长,而选用大苗栽植才有利于抵抗住这些不良影响。

园林苗圃所培育的都是大规格苗木,大苗的培育不是一二年就能得到的,要经过多年多次的移植、整形修剪、抚育管理,才能培育出符合规格要求的各种大苗。因此,培育大苗是园林苗圃工作的重要内容。

5.1 苗木移植

5.1.1 苗木移植的作用

移植是指在一定时期把生长拥挤的较小苗木挖起来,在移植区内按照规定的行株距栽种下去。这一环节是培育大苗的重要措施。

苗木经过移植,在很大程度上改善了生长环境,使苗木在根系、树干、树形及定植后的适应能力等方面都有所提高,促进了苗木的优质和高产。移植的作用主要表现在以下几个方面:

1. 扩大了株行距,能培养出姿态优美的苗木

初期培育苗木时,因其株形小,占生存空间少,而且大多数树种在幼年期较喜阴或耐阴,因此往往密植,密植可提高单位面积的产苗量。但随着苗木的不断生长,株高、冠幅迅速增加和扩张,枝叶变得稠密。此时,如不及时进行移植,常会因营养面积小、生存空间狭窄,而使苗木易患病虫害,而且发生徒长,苗木细长,枝叶稀疏,株形很差。不能长成一定规格的大苗。

通过移植,扩大了苗木的株行距,改变了通风透光条件,改善了营养条件,枝叶能自由伸张,枝条分布匀称、美观。同时移植时,苗木的根系与地上部分被适当地修剪,抑制了苗木的高生长,缩小了苗木的茎根比,使株形更趋于完整丰满,姿态优美,提高了观赏价值。

2. 促进根系发达和完整

苗木移植后,由于主根被切断,能刺激根部萌发出多量的侧根、须根。这些水平延伸的根系,可在较大范围的土层内吸收水分和养分,保证了水分和矿质营养在数量上、种类上的

供应,使苗木生长旺盛。同时这些新生的侧根、须根,都处于根颈附近和土壤的浅层,生产上称为有效根系。以后苗木出圃时,起苗作业方便,大部分根系能随移植苗带走。这些具有较完整根系的大苗定植后,易于成活,并为今后的生长打下良好的基础。

未经移植的苗木,根系分布深,侧根、须根少,定植后不易成活。即使成活,生长也很差,难以发挥观赏作用。因此未经移植的大苗,不能作园林绿化用苗。

3. 使培育的苗木规格整齐

苗木移植时,通常分级栽植,苗木在高度、大小上较一致的情况下,生长较均衡、整齐,分化小,苗木规格整齐,便于在园林绿化中应用。

5.1.2 苗木移植成活的基本原理

移植使苗木的根系受到大量损伤,从而打破了原来地上部分和地下部分的供需平衡,如果这种平衡不能迅速恢复,苗木就有死亡的危险。因此,根据树种的特性,采取合理的移植技术措施,尽快恢复苗木地上部分和根系间水分及营养物质的供需平衡是苗木移植成活的关键。

5.1.3 移植的准备

1. 补土还田

圃地经掘苗出圃后,不论是带土球苗还是裸根苗,都要或多或少地带走土壤,造成圃地土壤亏损,所以在苗木出圃后,应立即填土还田,补足亏缺土壤。因为苗木根系带出的土壤,均属耕作层内的土壤,这层土壤质地疏松,结构良好,肥力较高,因此,补土要重视土壤质地及土壤肥力,否则将影响移植苗的生长发育,进一步影响苗木质量。所以补土应选用经过耕作可供种植的熟化土,不可使用深层心土和新垦荒地未经熟化的生土。江苏吴县光福处太湖之滨,苗圃地补土多使用太湖淤泥,不仅来源丰富,而且富含有机质,肥力充足,补土给肥,一举两得。如此用地养地,可使地力持久不衰,所以,当地所育苗木,都能速生高产,苗质优良。

2. 休闲、轮作

一般大苗培育,需要留床2~3年,因此,大苗地经过一茬苗木生长,地力消耗颇多,在大苗出圃以后,应使之休闲,短则半年,长则1年,休养生息,恢复地力。再植苗木,则苗木生长旺盛,可以加速成苗,缩短育苗周期,提高土地利用率。

苗圃若连续种植同种类的苗木,由于其消耗养分成分相同,易使地力衰退,影响苗木生长。同时,苗木连作,容易引起某些病虫害孳生蔓延,势必增加病虫害防治费用,增加成本,降低育苗收益。而且对于有些树种,连作则明显地抑制后作的生长,桃树即是一例。因此,苗圃地,特别是大苗区,应有计划地进行合理轮作。如常绿树种与落叶树种轮作、乔木类与灌木类轮作等等。对于易染根癌肿病的桃树、海棠类和苹果树尤其要进行轮作。

3. 整地施基肥

苗圃地在苗木出圃时,由于掘苗和带土球起苗,常造成地面坑坑洼洼、坎坷不平,为此,在整地施肥之前,应先进行粗整,边翻地,边整平,填平坑穴。

用于移植的圃地,必须施足基肥,才能保证下茬苗在整个生育过程中源源不断地吸收养分,旺盛地生长。基肥应以迟效性肥料为主,如猪羊粪、鸡鸭粪、兔粪、湖泥、塘泥、优质堆肥等。每公顷用量 37 500～75 000 kg。全面撒施,深翻入土。

翻耕深度,因圃地、移植时期、苗木大小而异,秋耕或休闲地初耕可深些,春耕或二次翻耕可浅些;移植大苗可深些,移植小苗可浅些。

4. 作畦

整地施肥完毕,即可作畦。畦宽 2～2.5 m,畦高 15～20 cm。依降水多少不同,也可作成平畦或半高畦。畦面要求土块细碎平坦一致。如用于栽植小苗,更应仔细平整,以利灌溉排水。在作畦的同时,随即做好步道,理通排水系统,使之与全圃的排灌系统连通。

5.1.4 移植季节

"植树无期,勿使树知"。这是古代劳动人民的经验总结,说明移栽树木只要管理细致,周年可以栽植。但移植最适时期应依据树种特性和气候条件而定,一般在春、秋两季,即树木开始生长前和生长将结束时进行移植,最容易成活。

1. 春季移植

以早春土壤开始解冻后立即进行移植较为适宜。因为此时树木尚处于休眠时期,树液尚未开始流动,土壤的含水量较高。在土温和气温较低的情况下,树木根系已能生长,而芽不能萌发,根系的先期生长有益于移植苗的成活。

春季移植适期较短,应根据苗木发芽的迟早,合理安排移植顺序,发芽早的先移植,晚者后移植。针叶树类应早移,喜温暖的树种如柿、香樟等,应在芽开始萌动时移植,才易于成活。

2. 秋季移植

应在苗木地上部分生长缓慢或停止生长后进行,即落叶树开始落叶、常绿树生长高峰过后进行。此时地温尚高,根系还未停止生长,移植后根系伤口能逐渐愈合或发出新根。秋季移植一般适宜在冬季气温较暖的地区。北方冬季寒冷,秋季移植应早。冬季过分寒冷和冻拔严重的地区不宜进行秋季移植。

3. 夏季(雨季)移植

常绿树种多在雨季进行移植,南方在梅雨期内,北方在雨季开始时进行。此时雨水多,空气湿度大,苗木蒸腾量小,根系生长迅速,易于成活。

4. 冬季移植

我国南方冬季 1～2 月份,气候温暖,也可进行冬季移植。

在江苏的气候条件下,秋季温和而长,冬季不很寒冷,落叶树种以秋植为好,但应掌握在土壤冻前 20～25 d 结束。常绿树种则以春季或梅雨季节移植为好。

5.1.5 移植方法

1. 裸根移植

裸根移植，掘苗省工，操作简单，大部分落叶树种和常绿树小苗，都可进行裸根移植。

2. 带土球移植

采用裸根移植难以成活的树种，可进行带土球移植。常绿树种的大苗、直根系的树种，如柿树、板栗、马褂木、雪松、核桃、七叶树、广玉兰、山茶花、杜鹃等宜用带土球移植，以保证移植成活率。

带土球移植以春植为好。各种树木移植的先后次序，应根据发芽早迟而定。一般移植的次序如下：松柏类、桂花、蔷薇类、榆树、杨树、柳树、板栗、刺槐、柿树、栎属、紫穗槐。樟树、合欢、喜树、枫杨、乌桕等不可早移，宜在开始发芽前移植；而金钱松、柳杉、石楠等则不可迟移。

移植的苗木，要按大小分级，分区栽植，使移植的苗木生长发育均匀，减少分化现象，便于管理，提高苗木出圃率。

移植时，苗木要经适当的修剪，过长的主侧根应略加短剪，促使发生大量须根，有利于出圃移植，提高栽植成活率。劈裂和无皮的根要剪除，以免烂根。一般根系保留长度20～25 cm，超过部分加以剪除，剪口应力求光滑，注意不伤根皮，以利伤口愈合，促发新根。根系也不宜过短，过短会影响苗木成活和生长。对于常绿阔叶树，为了减少蒸腾，可剪去部分枝叶。在苗木移植过程中，要随时注意保持苗根湿润，防止失水干枯，以提高移植苗木的成活率。

移植最好在阴天进行。常用沟植法和穴植法。不论采用哪种栽植方法，一定要使苗根舒展，栽后踏实，使根土密接。栽植深度要比原来的“土痕”深 2～3 cm，以免土壤下沉而使根系外露。栽毕立即浇透水，使土壤沉实，以利成活。

5.1.6 移植的密度

移植的株行距应根据树种的生长速率、移植苗的大小、移植后培育的年限、苗木的用途、当地气候和土壤肥力等条件来确定。即使同一树种在相同的环境条件下，由于育苗地管理时使用的机具不同，株行距也不相同。在保证苗木有足够营养面积的前提下必须合理密植，以充分利用土地，提高单位面积产苗量。

乔木树种以养干为目的时应密植，苗木在群体较密的条件下，争光争空间促使苗木向上生长，树干高而直立。如过稀则侧枝发达，树冠加大，易发生垂头和树干弯曲现象。如毛白杨在养干时的株行距为 40 cm×70 cm 或 50 cm×80 cm。乌桕、合欢、国槐、高干女贞、樟树等，初期也应适当密植。而以养树冠为目的时，应适当稀疏，使侧枝有发展的空间，如毛白杨、国槐、龙爪槐等，养树冠的株行距应在 120 cm 左右。

此外，移植苗的密度还应该与苗木移植后培育的年限有关。如经 1 次移植的生长快速的树种，移植后第 1 年应明显感觉稀疏；生长 1～2 年后，密度正合适；第 3 年经修剪整枝仍能维持 1 年；第 4 年达出圃规格要求。对生长慢的树种，需经过 2 次移植，第 1 次移植后要求第1年株行距稍大，第2年正合适，第3～4年树冠枝叶相接、郁闭。然后进行第2次移植，再扩大株行距，移植后生长2～3年即可出圃。常绿树为保持树冠圆满、枝叶茂密，其株行距以移植后2～3年树冠接近郁闭为度，如过密则苗木下部枝条光照不足，会引起自然整枝，下枝脱落，树冠上移，主干裸露，观赏价值大大降低。

南京市园林局对各种规格大苗移植时的株行距做了规定，可供参考(表5-1)。

表5-1　各规格苗木移植时的株行距

	距地面30 cm处的干径/cm		株　行　距/m	
苗　级	移 植 时	育 成 时	树干端直的树种	树冠扩张的树种
小号苗	1～2	3～4	0.5×0.5～0.8×0.8	0.8×0.8～1×1
中号树	3～4	5～6	1×1～1.2×1.2	1.2×1.2～1.7×1.7
大号苗	5～6	7～10	1.5×1.5～2×2	2×2～2.5×2.5

注：大田育苗或机械化操作时，株行距应根据机械化的要求确定。

5.1.7　移植次数和间隔期

培育大苗需要移植的次数，应根据树种的生长速度、移植时的密度及对苗木的规格要求来确定。行道树、庭荫树及花灌木等，一般移植1～2次，苗龄达3～6年生即可出圃。对要求立即产生绿化效果的重点工程所使用的苗木，需要经过2次以上移植，苗龄达6～10年生时才出圃。苗木移植次数最多为2～3次，过多移植会阻滞苗木的生长。

移植的间隔期与树种生长速度及根系生长状况有关系。生长快的树种，应隔年移植一次，如杨、柳、悬铃木等。对生长缓慢的落叶树或常绿树，移植间隔期要长，如银杏、白皮松、罗汉松、栎类、云杉、冷杉等，播种后2～3年才能移植，以后每隔3～5年移植一次，苗龄达8～10年时才能出圃。生长缓慢而又珍贵的树木，以及主根发达、成活较难的树种，应3～5年移植一次，如楠木、广玉兰。大苗留床3～4年后，如株行距间仍有空隙，圃地通风透光条件良好，也可继续留床培育，但必须断根。在春季或秋季，用利锹在距根颈直径4～6倍处进行环状切根，切后及时覆土并踏实，促使发生多量的侧须根。特大苗木的断根应分2～3年完成。

5.1.8　移植后的管理

“三分种，七分管”。说明管理对苗木生长的重要性。

1. 灌水

灌水是保证苗木成活的重要措施，特别是春季干旱少雨地区，如果在气温升高苗木萌芽生长时供水不足，苗木生长就会受到影响，甚至不能成活。因此，除栽后立即浇水外，在第一次浇水后的3～5 d再浇第二次水，5～7 d后浇第三次水。以后即转入正常养护工作，视天气与圃地土壤干湿，掌握适时浇水。

移植初期的浇水，主要目的在于养根，保证苗木成活，其后的浇水，则是供给苗木，以满足其抽枝发叶对水分的需求，特别是幼叶发育成长期，对水分要求更高，应及时浇灌，予以满足，以保证苗木的正常生长。

2. 扶苗

初移植的苗木，由于移植地经过深耕翻土，土层疏松，虽然在栽苗时，注意踏实根际填土，但短时间内土层难以紧实，特别是几经浇水以后，往往出现苗木歪倒倾斜现象，因此需要及时扶正。否则，会使苗木弯曲，影响苗木质量。

扶苗时，可先扒开苗木根际填土，将苗木扶正，然后再还土踏实。在春季多风地区，尤需注意及时做好苗木扶正工作。

3. 平整床面

新移植的苗区，经过几次浇水和其他管理操作的践踏，床面会出现坑洼不平的现象，要及时进行平整，使床面平坦、整齐一致，这样才能保证每株苗木的受水量和受肥量一致，平衡地生长，减少苗木分化现象，提高苗木质量。

在平整床面的同时，还要做好步道的平整工作，以利排水。

5.2 苗木的抚育

苗木移植后要不失时机地做好苗木的抚育管理工作。只有坚持"一种就管，一管到底"的原则，及时认真地做好苗木的抚育管理工作，才能保证苗木正常地生长发育，培养出合格的苗木。

5.2.1 中耕除草

中耕可以疏松土壤，增加土壤的通气性。土壤通气良好就能供给充足的氧气，保证根系呼吸的需要，并能把二氧化碳及时地释放出来。

早春的中耕破碎土壤表层，减少阳光反射，增加土壤对太阳热能的吸收，从而提高了地温，有利于苗木根系的发育，收到养根的效果。当气温升高后，苗木将很快地进入旺盛生长期，可以促进苗木生长。此外，中耕松土，切断土壤表层的毛细管，可以减少土壤水的蒸发，增加土壤保水能力。

中耕可兼除草。除草就是除去苗木以外的其他植物，包括杂草和前茬根蘖苗。杂草生长势强，吸水力、吸肥力也较高，容易与苗木争夺养分、水分和阳光，因此，应及时中耕这些病虫害的中间寄主，及时除草，减少中间寄主，可以相应地减少病虫对苗木的危害。

5.2.2 施肥

合理施肥能促进苗木生长，提高苗木质量，增强苗木的抵抗力。不同树种的苗木，对各种营养元素的需要量不同。针叶树需氮较多，需磷较少；阔叶树需钾较多。一般针叶树对氮、磷、钾的需要量的比例是 6.4∶1.5∶2.1，阔叶树是 5.0∶1.5∶3.3。

苗木的不同生育期对营养元素的需要量不同，1 年生播种苗在生长初期，需磷肥和氮肥较多，以促进幼苗生长发育。在急速生长期需要大量的氮、磷、钾及其他营养元素促进苗木旺盛生长。生长后期，需钾为主，需磷为辅，促进茎干木质化，增强苗木抵抗力，提高苗木越冬性。留床苗春季施肥要早，以促进早发，加速生长。换床移植苗，春季施肥不宜过早，待根系恢复后再行施肥比较适宜。

施肥应根据苗木生长规律进行，抓住苗木生长的关键时期，适时追肥，以提高施肥效果。对南京市新庄苗圃实地观察发现，加拿大白杨在3月中旬开始生长，4～5月生长迅速，6月逐渐减慢，7月天气炎热时停止生长，8月中旬至9月上旬进入第二迅速生长期，到10月初才停止生长。因此，他们掌握在2月底、4月上旬、6月底分别施肥3次，6月底至7月初再浇透水一次。这样的施肥、浇水是符合加拿大白杨生长规律的，有效地促进了加拿大白杨的生长，取得了2年生扦插苗，胸径达5.1 cm的好成绩。

大肥是加速苗木生长的又一个关键性措施。白榆一般是中生树种，但上海市浦东洋泾苗圃大抓施肥环节，使2年生实生苗胸径达到3 cm左右。他们的主要经验是重施肥料，苗高12～15 cm时，每公顷施腐熟人粪尿（浓度50%）15 000 kg；苗高50 cm时，施人粪尿（不兑水，下同）30 000 kg；苗高1 m时，再施人粪尿3 000 kg。江苏省江都县曹王林园林场扦插（根插）泡桐时，每公顷施粪尿（或猪粪）75 000 kg作基肥，生长期间追肥一次，扦插当年，苗高可达2.5 m以上，当年就可成苗出圃。

除向土壤中施肥以外，还可进行根外追肥（叶面喷肥）。根外追肥，除根据苗木缺营养元素症状，酌量地、有针对性地单独施用外，也可结合病虫防治施药一并使用。江苏的徐淮、盐城等地多盐碱土，碧桃、山茶、杜鹃等苗木易出现黄化病，叶面喷洒硫酸亚铁水溶液，可使叶色转绿，正常地生长。硫酸亚铁的喷洒浓度，一般为0.2%～0.5%，幼苗期浓度宜低，一般以0.1%～0.2%为宜，大苗期可稍高，以0.3%～0.5%为宜。

5.2.3 灌水与排水

水是植物生存的必要条件。水分不足，即使是短期的缺水，都会影响苗木生长。但若水量过多形成涝害，对苗木生长也是不利的。因此，在大苗培育过程中必须十分重视苗木的灌水与排水，以保证苗木速生丰产。

大苗移植初期要及时灌水，以保证苗木成活。其后主要是做好春旱（苏北地区）、伏旱和秋旱期间的灌水工作。

灌水数量、次数因树种而异：雪松、黑松、垂柳、旱柳、苦槠、栓皮栎、火棘、紫藤、枫香等耐旱力强，灌水次数可少；粗榧、香榧、金钱松、柳杉、鹅掌楸、玉兰、腊梅、四照花等耐旱力较弱，灌水次数宜多些；银杏、水杉、日本花柏、珊瑚树等最不耐旱，灌水宜勤。

灌水应掌握“重点浇透，时干时湿”的原则。灌水也可结合施肥进行，以节约用水，或在施肥之后进行，以提高肥效。

灌水的方式有漫灌、浸灌、喷灌、滴灌等。漫灌，多用于平畦或低畦，灌水量大，效果较好，用水节省，但灌后床面易板结，要及时中耕松土。此外，在灌水时，水面不能淹没苗木下层叶片，以防叶面沾土，妨碍光合作用和呼吸作用。浸灌，多用于高畦，水由畦侧浸润土壤，床面不易板结，但耗水量较大。喷灌适于大苗灌水，既可节约用水，又可增大空气湿度，减轻土壤板结程度，但投资较大。滴灌更为理想，使水更为节约，可连续保持根际湿润，在盐碱地上还可减轻土壤返盐程度，但投资更多。目前在苗木上已开始应用。

排水是大苗培育过程中一项不可缺少的措施。排水工作除在建圃时建立配套的排水体系外，主要是雨季排水。江苏年降雨量 850～1 200 mm，南部多于北部，沿海多于内陆，自东南向西北递减，长江以南，春雨绵绵，梅雨量最大，8 月以后还有台风暴雨。徐淮地区雨量多集中在 6 月下旬至 8 月中旬，夏涝严重。

5.2.4 抽稀、断根和转垛

为了减少因移植而引起的缓苗对苗木生长的不利影响，在大苗培育过程中，也可进行“抽稀”，即采取隔行移植，或隔行隔株移植。这样，也可以加大苗木的营养面积，有利苗木生长。同时，还可以节约劳动力，降低生产成本。但对留床苗木，在早春萌芽前，要用锋利的铲或锹，从苗木根际附近斜插土中进行断根。断根以切断主根为主，下铲不宜过浅、过近，以免损伤根系过多，妨碍苗木生长。

对于雪松、圆柏、龙柏、香樟、桂花等，为了适应特定绿化的需要，往往需要多年留床，培养大规格苗木。可从 5 年生以后(常绿针叶树适当推迟)，按苗木胸径 10 倍为直径，进行转垛，切断粗大侧根，促发新根，使根系发达，有利移植成活，提高绿化效果。苗龄过大的苗木，一次转垛，伤根过多，不利苗木生长，可分两次进行。转垛结合施用腐熟的有机肥料，可使新根生长更旺，更有利于苗木生长。

5.3 苗木的整形修剪

整形修剪是一项重要的园艺实践，园林苗圃要培养具有一定树体结构和形态的大苗，就必须进行整形修剪。

5.3.1 整形修剪的意义

(1) 通过整形修剪可以培养出理想的主干、丰满的侧枝，使树体圆满、匀称、紧凑、牢固，为培养优美的树形奠定基础。

(2) 整形修剪可以改善苗木的通风透光条件，减少病虫害，使苗木健壮、质量高。

(3) 整形修剪可使植株矮化，以满足园林中特定绿化的需要。

5.3.2 整形修剪的时期与方法

1. 修剪的时期

修剪时期是根据树种抗寒性、生长特性及物候期等来决定的，一般可分为生长期修剪和休眠期修剪，或称夏季修剪和冬季修剪。夏剪在树木萌芽后至新梢或副梢生长停止前进行(一般是 4～10 月)；冬剪大抵自土地封冻树木休眠后至次年春季树液开始流动前进行，一般是 12 月至次年的 2 月。在南方四季不明显的都进行夏剪。不同的树种具有不同的生物学特性及不同的物候，因此，某一树种具体的修剪时间还要根据它的物候、伤流、风寒、冻害等具体情况分析确定。一般落叶树种适宜冬剪，伤流严重的应早剪或伤流过后再剪，常绿树种既适宜冬剪，也适宜夏剪。

2. 修剪方法

在园林苗圃育苗中，苗木的修剪方法主要有6种，即抹芽、摘心、短截、疏枝、拉枝、刻伤。

1）抹芽

树木在发芽时，常常是许多芽同时萌发。因此，为了节省养分和整形上的要求，必须抹掉多余的萌芽，使剩下的枝芽能正常生长。

2）摘心

树木在生长过程中，由于枝条生长不平衡而影响树冠形状，就应对强枝进行摘心，控制其生长，以调整树冠各主枝的长势，使之达到树冠匀称、丰满的要求。对抗寒性差的树种，亦可用摘心方法促其停止生长，使枝条充实，有利安全过冬。

3）短截

将1年生枝条剪去一部分叫短截。短截有轻短截、中短截、重短截、极重短截4种。

(1) 轻短截：只剪去枝条的顶梢，一般不超过枝条总长的1/5。主要用于花、果类树木强壮枝修剪。目的是剪去顶梢后，刺激其下部多数半饱满芽的萌发，分散了枝条的养分，促进产生大量的短枝。这些短枝一般生长势中庸，停止生长早，积累养分充足，容易形成花芽。

(2) 中短截：剪到枝条的中上部饱满芽处，一般是在枝条总长的1/2以下。由于剪口芽饱满充实，养分充足，可刺激其多发强旺的营养枝。主要用于弱枝复壮和骨干枝、延长枝的培养。

(3) 重短截：剪去枝条1/2～4/5的位置。几乎剪去枝条的80%。刺激作用更强，一般都萌发强旺的营养枝。主要用于弱树、老树、弱枝的更新复壮。

(4) 极重短截：在春梢基部留1～2个瘪芽，其余剪去。由于剪口芽在基部，质量较差，一般萌发中短营养枝，个别也能萌发旺枝。主要用于更新复壮。

在一种植物上可能所有的短截方法都能用上，如核果类和仁果类花灌木，如碧桃、榆叶梅、紫叶李、紫叶桃、樱桃、苹果和梨等。主枝的枝头用中短截，侧枝用轻短截，开心形内膛用重短截或极重短截。像垂枝类苗木，如龙爪槐、垂枝碧桃、垂枝榆、垂枝杏等枝条下垂，一般只用一种方法即重短截，剪掉枝条的90%，促发向上向前生长的枝条萌发和生长，形成圆头形树冠。如用轻短截，枝条会越来越弱，树冠无法形成。

4）疏枝

从枝条或枝组的基部将其全部剪去称为疏枝或疏剪。疏去的可能是1年生枝，也可能是多年生枝。疏枝的作用是使留下来的枝生长势增强，因其营养面积相对扩大，有利于其生长发育。但使整个树体生长势减弱，生长量减小。疏枝后枝条少了，改善了树冠通风、透光条件，枝条之间分布均匀、摆布合理。对于花、果类树种，疏枝有利于形成花芽，促进开花结果，如苹果、梨、桃等的修剪。对于乔木树种，疏枝能促进主干生长。枝条过分密集拥挤，通透不良时，一般都采用疏枝的办法来解决。留枝的原则是宁稀勿密。又如在培养国槐大苗时，为培养通直的树干，常将一二年生小苗平茬剪截，只留基部一芽或一枝作主干，这种方法实际上也属于疏枝，只不过是疏去的较多。针叶树种轮生枝过多、过密、过于拥挤时，有的也常疏去一轮生枝或主干上的小枝，使树冠层次分明，观赏价值提高。

5）拉枝

拉枝就是采用拉引的办法，使枝条或大枝组改变原来的方向和位置，并继续生长。由于某种原因某一方向上的枝条被损坏或缺少，为了弥补缺枝可采用将两侧枝拉向缺枝部位的方法，弥补原来树冠缺陷，否则将成为一株废苗。拉枝用的最多的还是花、果木类大苗培育。由于主枝角度过小，用修剪的方法往往达不到开角的目的，只能用强制办法将枝条向四处拉开，一般主枝角度以70°左右为宜。拉枝开角往往比其他修剪方法的效果好。拉枝改变了树冠所占空间，有的甚至可增加50%的空间量，使营养面积扩大，通风透光条件更好。拉枝还可使壮强树变成中庸树，使树势很快缓和下来，有利于开花结果。

6）刻伤

在枝条或枝干的某处用刀横切，深达木质部称为刻伤。春季树木发芽前，在芽上方刻伤，可暂时阻止部分根系贮存的养料向枝顶回流，使位于伤口下方的芽获得较为充足的养分，有利于芽的萌发和抽新枝。刻伤越宽，效果越明显。生长盛期如果在芽的下方刻伤，可阻止碳水化合物向下输送，滞留在伤口芽的附近，有利于花芽的形成。

刻伤在苗木培育上应用，主要是在缺枝部位。为了促发生枝，春季树木发芽前，可在芽的上方刻伤，这样营养积累在芽上，促发新枝生长，弥补了缺枝。也可利用刻伤抑制枝条或枝组的生长势，使枝势变成中庸，以利开花结果。在修剪中利用刻伤先降低强壮枝的生长势，待变弱后再将其全部剪掉。若强壮枝一次剪掉，会严重削弱苗木的生长势，对苗木生长不利。

5.3.3 整形方法

1. 大乔木类整形

常绿阔叶乔木与落叶阔叶乔木的树形，由主干和树冠两部分组成，在大苗培育过程中，要在养好主干的基础上进一步培养树形。

干性强的树种如银杏、梧桐、加拿大白杨、毛白杨、喜树等，主茎顶芽发达，顶端优势明显，容易形成挺拔通直的主干。在苗木培育过程中，一般不需进行修枝和抹芽工作。随着苗木高度的增长，要注意及时除去主干基部侧枝，逐步提高分枝点，以养成主干。对分枝多、着生又较密的喜树，侧枝往往呈“轮生”状。因此，对着生在分枝点上的侧枝，也要酌情疏除，以免造成“卡脖”现象，妨碍中心干的生长，影响树体高度。

干性弱的树种，如槐、柳、栾树、枫杨、无患子等，往往不易形成通直的主干，在培育过程中，要采取适当的措施，以培养主干。其方法有三：

1）密植

适当密植，配合肥水，精细管理，既可加速苗木生长，又可减少主干弯曲。

2）截干

适用于槐树、泡桐等。苗木换床移植后，第一年地上部不加修剪，任其多生枝叶，扩大同化面积，养好根系；第二年在萌芽前，从主干近地面处截干，剪口芽萌发抽梢后，使之直立生长，并加强肥水管理，以培养通直的主干。

3）接干

柳树、毛白杨等的主干出现弯曲时，从弯曲处选强壮的芽，短截换头，剪口芽萌发后，新梢向上直立生长，以培养主干。

此类树种一般多按照树木的自然冠形，不行人工整枝。但必须注意控制中心干的竞争枝，及时予以短截或疏除，保持中心干的优势，使之主从分明，冠形丰满。对于树冠内的密生枝、交叉枝及重叠枝等，要及时疏除，以改善树冠的通风透光条件。

常绿阔叶树的自然树形，多为圆头形（柑桔）、卵圆形（香樟）、卵状圆锥形（广玉兰）等，人工整形以维持原有树形为主，使树冠丰满端正，通过整枝，促进生长。如香樟在苗期要“摘芽留叶”，促进苗木生长，培育壮苗。2～3 年生苗，以抹侧芽、除萌枝为主，促进主干生长，培养主干。如苗生长弯曲，难以形成通直主干时，应立即进行截干，从萌枝中选直立健壮者培养主干。以后根据苗木生长情况适当修剪，剪除树冠下部受光较少的枝条，促进主干高生长。保留的树冠，相当于树高的 2/3。树冠中、上部的枝条，一般不加修剪，但少数影响冠形的，应及时回缩或疏除，以保持冠形端正。特别是超过主枝的竞争枝，一定要疏除。根据上海市共青苗圃的经验，疏除超过主枝的侧枝，不仅不会削弱树势，反而可以促进主枝和全树的生长。

雪松、圆柏、龙柏等常绿针叶树，也多取自然树形，在大苗培育过程中，通过适当的修剪，以保持其原有树形，使之丰满圆整，苗木出圃定植后充分发挥其绿化效果。

雪松在苗期的树冠管理，主要是扶主抑侧，防止侧枝与主枝竞争，如发生竞争枝，应及时短剪，以保证主梢优势。如发生主枝折损，应从邻近侧枝中选其强壮者进行人工扶直，代替原头，使之直立生长，维持塔形树冠。同时要保持基部侧枝的生长势，不使“脱脚”。

圆柏在苗期修剪，主要是短截周围侧枝，每年春季结合采条扦插，轻剪一次，这样可使树冠圆满，枝条密集；不剪则树冠松散，不易保持整齐的塔形。

龙柏的自然树形为圆柱形，苗期要适当进行修剪，主要是短截突出的侧枝，维持良好的从属联系，保持树冠圆整、枝条紧密的良好树形。

2. 小乔木类整形

桃花、梅花、红叶李、榆叶梅、腊梅、海棠类等，当苗木主干高度达 50～70 cm 以上时，即可摘心或短截，促发二次枝，进行圃内整形。苗木经过圃内整形，带主枝出圃，不仅提高了苗木规格，而且由于分枝级次的增加，扩大了叶面积，提高了光合效能，有利于苗木茎干、根系的生长，提高苗木质量。

苗木圃内整形方法，可概括如下表 5－2。

表 5－2　花木圃内整形方法

树　种	定干高度/cm	选留主枝数目/枝	主枝剪留长度/cm
榆叶梅、腊梅	40～60	3～4	30～40
桃花、梅花、红叶李	50～70	4～5	40～50
海棠花	60～80	5～6	50～70

桃花、樱花、红叶李、榆叶梅等，花芽侧生，花芽为纯花芽，花枝一般较长。通常在花前修剪（实际上应在花后修剪），对主枝延长枝进行重短截，使抽生壮枝，扩大树冠。对花枝进行短截，使抽生新梢形成花芽于下一年开花。这些树种都属阳性树，在整形修剪时，要注意疏除树冠内膛的密生枝和纤弱枝，使树冠通风透光良好，这对桃花尤其重要。樱花发枝力弱，不耐修剪，修剪宜轻。

紫薇花芽侧生，花芽为混合芽，花序着生在新梢顶端。紫薇耐重剪，一般剪去花枝全长的 1/2～2/3。

紫藤花芽顶生(或侧生),花芽为混合芽,以短花枝为主。多在休眠期修剪,对1年生枝进行适度剪截,使抽生短枝,形成花芽而开花。同时疏除密枝、弱枝,以利开花。

3. 灌木类整形

月季、玫瑰、连翘、迎春、珍珠梅等主干不明显,常自地面分生多数粗细不一的枝条,一般选留分布均匀的4~5枝作主枝,其余一律自基部剪除,对所保留作主枝的枝条,在1/2处短截,并使各主枝的剪口高低相近。

连翘、迎春等花芽侧生于1年生枝上,早春先叶开花,多在花后进行修剪,短截花枝,一般剪留1/2~1/3。同时还应进行更新修剪,利用从地面抽生的徒长枝,替代部分衰老的主枝,更新树冠,维持树势,延长开花年限。

月季在一年中多次开花,以休眠期修剪为主,最宜在休眠期末修剪。一般每株选留3~5个主枝,各留6~8个芽进行短截,也有留2~3个芽的,依植株长势和品种特性而异。侧枝短截仅留3~4个芽。此外,还要剪除横生枝、交叉枝和枯枝,并注意利用徒长枝更新主枝,维持树势。在每季开花后,于花枝上选留壮芽当头,剪除残花,使之抽发新梢,形成花芽继续开花。

4. 球形类整形

海桐、黄杨、侧柏、小叶女贞、大叶黄杨以及中心干受损的圆柏、龙柏等,均可通过修剪,培育成球形树冠。

苗木育球,可以单株栽植,也可以2~3株丛植。栽植行株距应适当加大,一般为(80~100)cm×(60~80)cm。苗高30~40 cm时,对中心干进行短截,抑主促侧,使树冠向横向发展,生长期间根据树种发枝习性,修剪1~2次,再结合休眠修剪,逐步育成圆球形或半球形树冠。

5. 绿篱类整形

侧柏、黄杨、大叶黄杨、小叶女贞、女贞等,是常见的绿篱树种。绿篱用苗要求枝叶繁茂,树冠下部不光秃,不“脱脚”。为此,在育苗过程中,要进行多次修剪。苗高20 cm时进行摘心或短截,促进侧芽萌发,多生侧枝,以后随苗木生长,继续进行多次摘心或短截,使枝叶密集,树冠丰满。

5.4 各类大苗培育技术

5.4.1 落叶乔木大苗培育技术

落叶乔木大苗培育的最后规格是:有高大通直的主干,干高2.0~3.5 m;胸径干粗5~10 cm;具有完整紧凑、匀称的树冠;具有强大的树系。

落叶乔木常见的有:杨、柳、榆、槐、椿、白蜡、泡桐、法桐、栾树、核桃、三角枫、银杏、杜仲、白玉兰、枫杨、合欢、椴树、柿树、水杉、落叶松等。对于乔木来说,无论是扦插苗还是播种苗,第一年生长的高度(抚育正常,肥、水、间苗等管理正常)一般可达1.5 m左右。第二年以后可采取两种方法,一种是留床保养1年。因未移植,苗木没有受到损伤,生长很快,加上肥、水等管理措施,留床保养1年的苗木,一般可达2.5 m左右;第三年以120 cm×60 cm行株距移植;第四年不动;第五年将株距扩大,隔一株移出一株,行距不变,行株距变成120 cm×120 cm,加强抚育管理,速长1年;第六年或第七年即可长成大苗出圃。另一种是将1年生苗移植,行株距为60 cm×60 cm,尽量多保留地上部分枝干,加强肥水管理,促进根系生长,这一年重点是养根;第三年于地面平茬剪截,只留一芽,当年可长到2.5 m以上、具有通直树干的苗木;第四年不动;第五年隔行去行,隔株去株,变成120 cm×120 cm行株距;第六年速长1年;第七年或第八年即可长成大苗。移植出的苗木以120 cm×120 cm移植,第五年或第六年速长2年,第七年或第八年也可出圃。

落叶树种中的银杏、柿树、水杉、落叶松等乔木,在幼苗培育过程中干性比较强,又不容易弯曲,而且生长速度较慢,每向上长一节(段)很不容易,不能采用先养根后养干的培育方法,而只能采用逐年养干的方法。逐年养干必须注意保护好主梢的绝对生长优势,当侧梢太强,超过主梢,与主梢发生竞争时,要抑制侧梢的生长,可以采用摘心、拉枝等办法来进行抑制。同时也要防止病、虫和人为等损坏主梢。

在培育期间,树干2 m以下的萌芽要全部清除,每年都要加强肥水管理和病虫害的防治,否则效果就不会理想。

落叶乔木大苗培育的行株距是上述众多树种的平均值,具体某一树种最适合的移植行株距,还要根据该树种的生长速度而定,快长树可适当加大,慢长树可适当减小。

5.4.2 落叶灌木大苗培育技术

1. 落叶主干灌木大苗培育技术

这类大苗培育的规格要求是:主干高度60～80 cm,定干部位粗,直径3～5 cm,有丰满匀称的冠形,强大的根系。主要树种有各种碧桃、榆叶梅、梅花、樱花、樱桃、紫叶李、李、山桃、桃、山杏、杏、苹果、梨、海棠、枣、石榴、山楂等。这些树种有些是播种苗,有些是嫁接苗,也有扦插苗。无论是哪种苗,在第一年培育过程中,都可在苗长至80～100 cm时摘心定干,留20 cm整形带,促生分枝,增加干粗。整形带中多余的萌芽和整形带以下的萌芽全部清除;第二年可按60 cm×50 cm行株距移植,移植后注意清除萌芽和肥水管理;第三年让其速长1年;第四年可隔行去行,隔株移出一株,变成120 cm×100 cm行株距。移出的也以同样的行株距定植。再培养1～2年即可养成定干粗3～5 cm的大苗。

这类大苗树冠冠形常有两种,一种是开心形树冠。定干后只留整形范围向四处生长的3～4个主枝,交错选留,与主干呈60°～70°开心角。各主枝长至50 cm时摘心,促发分枝,即培养成开心形树冠。另一种是疏散分枝层形树冠,有中央主干。主枝分层分布在中央主干上,一般一层主枝3～4个,二层主枝2～3个,三层主枝1～2个。层与层之间主枝错落着生,夹角角度相同,层距80～100 cm。层间辅养枝要保持弱或中庸生长势,不能影响主枝生长,多余辅养枝全部清除。

2. 落叶丛生灌木大苗培育

这类大苗的规格要求为每丛3～7枝,每枝粗1.5 cm以上,具有丰满冠丛和须根系。主要树种有丁香、连翘、紫荆、紫薇、迎春、探春、珍珠梅、棣棠、玫瑰、黄刺玫、贴梗海棠、锦带花、蔷薇、木槿、金银木、太平花、杜鹃、腊梅、牡丹及竹类等。这些树种大都采用播种、分株、扦插法繁殖。1 年生苗大小不均匀，特别是分株繁殖苗差异更大，在定植时要注意分级定植。播种和扦插苗，一般第二年应留床保养 1 年，第三年以 60 cm×50 cm 行株距定植，培养 1～2 年即成大苗。分株苗直接以 60 cm×50 cm 行株距定植，直至出圃。

在培育过程中，注意每丛所留主枝数量，不可太多，否则易造成主枝过细，达不到应有的粗度。多余的丛生枝从基部全部清除掉。丛生灌木不能太高，一般 1.2～1.5 m 即可。

5.4.3 落叶垂枝类大苗培育技术

垂枝类大苗的规格要求为：具有圆满匀称的馒头形树冠冠形，主干胸径 5～10 cm，树干通直，有强大的须根系。这类树种主要有龙爪槐、垂枝红碧桃、垂枝杏、垂枝榆等。而且都为高接繁殖的苗木，枝条全部下垂。

1. 高接繁殖苗木

这些树种都是原树种的变种，如龙爪槐是国槐的变种，垂枝红碧桃是碧桃类的变种，垂枝杏是杏的变种，垂枝榆是榆树的变种。要繁殖这些苗木，首先是繁殖嫁接的砧木，即原树种。原树种都是采用播种繁殖，1～3 年生幼苗不能嫁接，因砧木粗度不够，操作困难，成活率低，即使嫁接成活，由于砧木较弱，接穗生长太慢，树冠成形也慢，特别是树干增粗就更慢，这样培育苗木看着快实际慢。生产实践中一般先把砧木培育到一定粗度，然后才开始嫁接。接口直径要达到 3 cm 以上，这样操作起来比较容易，嫁接成活率高。由于砧木较粗，故接穗生长势很强，接穗生长快，树冠成形快。嫁接高度有 220 cm、250 cm、280 cm 等，还有采用低接(在 80 cm 或 100 cm 处)，嫁接后供盆栽观赏。嫁接的方法可用插皮接和劈接，其中以插皮接操作方便快捷，成活率高。

2. 嫁接成活养冠

要培养圆满匀称的树冠，必须对所有下垂枝进行修剪整形。垂枝类一般夏剪很少，夏剪培养的冠枝往往过于细弱，不能形成牢固树冠。生长季主要是积累养分阶段，培养树冠主要是进行冬季修剪。枝条的修剪方法是在接口位置画一平行于地面的平行线，沿平行线剪截各枝条；或向上向下略有错动，几乎剪掉枝条的 90%，均采用重短截法。剪口芽要选留向上向外生长的芽，以便芽生出后向外生长，逐步扩大树冠。冠内小于 0.5 cm 直径的细弱枝条全部剪掉，枝条都要呈向外放射状生长，交叉比较严重的枝条也要从基部去掉。经过 2～3 年培育即可形成圆头形树冠。生长季注意清除接口处和砧木树干上的萌条。

5.4.4 常绿乔木大苗培育技术

常绿乔木大苗培育的规格要求为：具有该树种本来的冠形特征，如尖塔形、胖塔形、圆头形等。树高 3～6 m，枝下高应为 2 m。不缺分枝，冠形匀称。

1. 轮生枝明显的常绿乔木大苗培育

此类树种主要有油松、华山松、白皮松、黑松、云杉、辽东冷杉等。这类树种有明显的中心主梢，每年向上长一节，分生一轮分枝，幼苗期生长速度很慢，每节只有几厘米、十几厘米。随苗龄渐大，生长速度逐渐加快，每年每节达 40～50 cm。培育一株大苗（高 3～6 m）需15～20 年时间，甚至更长。这类树种有明显主梢，而一旦遭到损坏，整株苗木将失去培养价值，因此要特别注意在培养过程中保护主梢。

一般 1 年生播种苗先留床保护 1 年；第三年时开始移植，苗高约在 15～20 cm，行株距为 50 cm×50 cm；第四、第五、第六年速长 3 年不移植；第六年时苗高度约在 50 cm～80 cm；第七年行株距已显小，以 120 cm×120 cm 行株距移植；第八、第九、第十年又速长 3 年，这时苗木高度约为 1.5～2.0 m；第十一年以 5 m×4 m 行株距进行第三次移植；第十二、第十三、第十四、第十五年速长 4 年不移植，这时苗木高可达约 3.5～4.0 m。注意从第十一年开始，每年从基部剪除一轮分枝，以促进高生长。

2. 轮生枝不明显的常绿乔木大苗培育

此类树种有桧柏、侧柏、龙柏、铅笔柏、杜松、雪松等。这些树种幼苗期的生长速度较轮生枝常绿树种稍快，因此在培育大苗时有所不同。1 年生播种苗或扦插苗可留床保养 1 年（侧柏等也可不留床）。第三年移植时苗高在 20 cm 左右，行株距可定 60 cm×60 cm；第四、第五年速长 2 年，第五年时苗高约为 1.5～2.0 m；第六年进行第二次移植，行株距定为 150 cm×130 cm；第七、第八年速长 2 年，高可达 3.5～4 m。在培育的过程中要注意剪除与主干竞争的枝梢，或摘去竞争枝的生长点，培育单干苗。同时还要加强肥水管理，防治病虫草害。

5.4.5 常绿灌木大苗培育技术

常绿灌木类树种很多，主要有大叶黄杨、小叶黄杨、冬青、火棘、女贞、沙地柏、爬地柏、千头柏、花柏、桧柏、侧柏、龙柏球等。这类树种大苗规格为：株高 1.5 m 以下，冠径 50～120 cm，具有一定造形、冠形或冠丛的大苗。主要用做绿篱、孤植、组形、造形，以扦插和播种繁殖为主。1 年生苗高约为 10 cm；第二年即可移植，行株距为 50 cm×30 cm；第三年、第四年速长不移植，此时苗高和冠径可达 25 cm，此期间要注意短截以促生多分枝，一般每年要修剪 3～5 次，生长快的树种，南方可修剪 5 次，北方可修剪 3 次，每月可修剪 1 次；第五年以 100 cm×100 cm 行株距进行第二次移植；第六年、第七年养冠 2 年或造形，注意生长季剪截冠枝，增加分枝数量。这时株高和冠径均可在 60 cm 以上。

5.4.6 攀缘植物大苗培育技术

攀缘植物有紫藤、地锦、凌霄、葡萄、猕猴桃、铁线莲、蔷薇等。这类树种的大苗规格是：地径大于 1.5 cm，有强大的须根系。

培育的方法是先做立架，按 80 cm 行距栽水泥柱，栽深 60 cm，上露 150 cm，桩距 300 cm，桩之间横拉 3 道铁丝连接各水泥桩。每行两端用粗铁丝斜拉固定。把 1 年生苗栽于立架之下，株距 15～20 cm。当爬蔓能上架时，全部上架，随枝蔓生长，再向上放一层，直至第三层为止，培养 3 年即成大苗。也可利用建筑物四周或围墙栽植小苗来培养大苗，既节省架材，又不占好地。现有许多苗圃是利用平床来养大苗的，由于枝蔓顺地表爬生，节间易生根，根茎增粗很慢，需用很长时间才能养成大苗。

6 苗木出圃

苗木出圃，就是将在苗圃中培育至一定规格的苗木，从生长地挖起，用于绿化栽植。苗木出圃的内容包括：起苗、分级、检疫、消毒、包装、运输或贮藏等。

苗木出圃是育苗工作中的最后一个重要环节，该工作做得如何，直接关系到苗圃的苗木产量和经济效益。出圃工作做得好，就能保证已培育的苗木质量与合格苗的产量，给苗圃带来良好的经济效益。所以，在生产实践中，各单位对此项工作都给予足够的重视，并做好出圃前的准备工作。

6.1 苗木出圃前的调查

6.1.1 调查目的

通过苗木调查，了解各类苗木的数量和质量，以便做出苗木的供应计划和生产计划，并可通过调查，进一步掌握各种苗木的生长发育状况，科学地总结育苗经验，为今后的生产提供科学依据。

6.1.2 调查时间

苗木调查，应在苗木的高、径生长停止以后进行。落叶树种要在落叶前进行。因此，调查的时间多在秋季树木停止生长以后进行。

6.1.3 调查方法

在苗木调查前，首先查阅育苗技术档案中记载的各种苗木的培育技术措施，并到各生产区进行踏勘，以便划分调查区和确定采用方法。凡是树种、苗龄、育苗方式方法及主要育苗技术措施等都相同的苗木，可划分为一个调查区。根据调查区的面积确定抽样面积，在样地上逐株调查苗木的各项质量指标及苗木数量，最后根据样地面积和调查区面积，计算出调查区的总产苗量，进而统计出全圃各类苗木的产量与质量。常用的苗木调查方法有：

1. 记数法

对于珍贵树种的大苗和针叶树树苗，为了数据准确，常按垄或畦逐株点数，并抽样测量苗高、地径或胸径、冠幅等，计算出其平均值，以掌握苗木的数量和质量。有些苗圃还对准备出圃的苗木，进行逐株清点、测量，并在树上做上规格标志，为出圃工作带来了方便。

2. 标准行法

标准行法适用于移植区、部分大苗区以及扦插苗区等。在要调查的苗木生产区中，每隔一定的行数(如 5 的倍数)，选一行或一垄作为标准行(垄)，再在标准行上选出有代表性的一定长度的地段，在选定的地段上进行苗木质量指标和数量的调查，然后计算出调查地段苗行的总长度和单位长度的产苗量，并以此推算出单位面积(亩或公顷)的产量和质量，进而推算出全生产区的产苗量和质量。用这一方法调查，必须是株行距相同，才比较准确。

3. 标准地法

适用于苗床育苗、播种的小苗。在调查区内随机抽取 1 m^2 的标准地若干，在标准地上逐株测量苗高、地径、冠幅等质量指标，并计算出每平方米苗木的平均数量和质量，进而推算出全生产区苗木的产量和质量。

需要说明的是，选标准行或标准地，一定要从数量和质量上选有代表性的地段进行苗木调查，否则调查结果不能代表整个生产区的情况。

6.2 苗木出圃的质量要求

苗木是园林绿化建设的物质基础，是绿化景观效果的关键所在。因此，必须把好出圃苗木的质量关，确保出圃苗木为优质壮苗，在城市绿化中充分发挥其观赏价值、绿化效果和生态功能，满足各层次绿化的需要。对出圃苗木应制定相关的质量标准。

6.2.1 苗木出圃的质量指标及要求

1. 苗木质量指标

凡能反映苗木质量优劣的形态指标和生理指标统称为苗木质量指标。在生产上一般选用便于测量的形态指标，如苗高、苗重、地际直径、根系、茎根比和高径比等来鉴别苗木的优劣。

2. 苗木出圃的质量要求

(1) 出圃苗木应是生长健壮，树形、骨架基础良好的苗木。苗木在幼年期就应培育出良好的树体和骨架基础，使之树形优美、长势健壮，符合绿化要求。

(2) 根系发育良好，有较多的侧根和须根。主根短而直，起苗时不受机械损伤。根系的大小根据苗龄、规格而定。如南京市对出圃苗木根系的长度及侧根幅做了具体规定(表 6-1)，可供参考。

表 6-1 不同规格苗木对根系的要求

苗木规格	苗木高度/cm	根际直径/cm	直根长/cm	侧根幅/cm
幼苗	30 以内		15	12
	30～100		20	17
	100～150		20	20
中号苗		1.0	20	20
		2.0	25	25
		3.0	30	30
		4.5	35	35
		5.0	40	40
大号苗		5～10	40～70	40～70
		10 以上	40～70	60～70

(3) 苗木的茎根比小、高径比适宜、重量大。茎根比是指苗木地上部分鲜重与根系鲜重之比。茎根比大的苗木，根系少，根系与地上部分比例失调，苗木质量差；茎根比小的苗木，根多，质量好。但茎根比过小的苗木，地上部分生长小而弱，质量也不好。各树种的茎根比依树种而异，如 1 年生播种苗的茎根比，落叶松多在 1.4～3.0，柳杉多在 1.5～2.5；2 年生油松以不超过 3 为好。

高径比是苗高与地际直径之比，它反映了苗木高度与苗粗之间的关系。高径比适宜的苗木，生长匀称，质量好。高径比过大或过小，表明苗木过于细高或过于粗矮，都不好。例如，2 年生油松苗以 34∶1～40∶1 为好。

另外，苗木的全株重量能比较全面地反映苗木质量。同一种苗木，在相同的条件下栽培，重量大的苗木一般生长健壮，根系发达，品质优良。

(4) 苗木无病虫害和机械损伤。有严重病虫害及机械损伤的苗木应禁止出圃。

(5) 对于萌芽力弱的针叶树种，要有饱满的顶芽，且顶芽无二次生长现象。

评定苗木质量的优劣，要根据苗木的质量指标进行全面分析。目前国外根据苗木的含水量、苗木根系的再生能力、苗木的抗逆性等生理指标来评定苗木质量的优劣。

6.2.2 出圃苗木的规格要求

出圃苗木的规格，需根据绿化任务的不同要求来确定，如用做行道树的苗木，规格要求较大，而一般绿地用苗规格要求可小些。但随着城市建设的发展，人们对绿化美化的急切追求，对苗木的规格要求呈现了逐渐加大的趋势。以下是北京市园林局执行的苗木出圃的规格标准，仅供参考。

(1) 大中型落叶乔木，国槐、毛白杨、合欢、元宝枫等树种，要求树干直立，树型良好，胸际直径在 3 cm 以上(行道树苗胸径要在 4 cm 以上)，分枝点在 2～3 m 为出圃苗木的最低标准。另干径每增加 0.5 cm，应提高一个规格级。

(2) 有主干的果树、单干式的灌木和小型落叶乔木，如柿树、苹果、榆叶梅、碧桃、紫叶李、西府海棠、垂丝海棠等，要求树冠丰满，枝条分布匀称，根际直径在 2.5 cm 以上为出圃苗木的最低标准。另根际直径每提高 0.5 cm，应提高一个规格级。

(3) 多干式灌木，要求根际分枝处有 3 个以上分布均匀的主枝。但由于灌木种类繁多，树型各异，又可分为大、中、小型，各型规格要求如下：

① 大型灌木类，如丁香、黄刺玫、珍珠梅、金银木等，出圃高度要在 80 cm 以上。另高度每增加 30 cm，即提高一个规格级。

② 中型灌木类，如紫荆、紫薇、木香、棣棠等，出圃高度要求在 50 cm 以上。另高度每增加 20 cm，即增高一个规格级。

③ 小型灌木类，如月季、小蘖、郁李等，出圃高度要求在 30 cm 以上。另高度每增加 10 cm，即提高一个规格级。

(4) 绿篱苗木，如侧柏、小叶黄杨等，要求苗木树势旺盛，基部枝叶丰满，全株成丛。冠丛直径 20 cm 以上、高 50 cm 以上为出圃苗木的最低标准。另苗木高度每增加 20 cm，即提高一个规格级。

(5) 常绿乔木，要求苗木树型丰满，主枝顶芽茁壮、明显，保持各树种特有的冠型，苗干下部枝叶无脱落现象。苗木高度在 1.5 m 以上、胸径在 5 cm 以上为最低出圃标准。另高度每增加 50 cm，即提高一个规格级。

(6) 攀缘类苗木，如地锦、葡萄、凌霄等，要求生长旺盛，根系发达，枝蔓发育充实，腋芽饱满，每株苗木必须带 2～3 个主蔓。此类苗木以苗龄确定出圃规格，每增加一年提高一级。

(7) 人工造型苗木，如龙柏、黄杨等植物球，培育年限较长，出圃规格各异，可按不同要求和不同使用目的而定，但是球体必须完整、丰满。

游龙式的龙柏，各个侧枝顶部必须向同一个方向扭曲。

树状月季要具有 1 m 以上的枝下高，4～5 个分布均匀的枝条。

6.2.3 苗龄及表示法

苗龄即苗木的年龄，是从播种、插条或埋根到出圃，苗木实际生长的年龄。以经历 1 个年生长周期作为 1 个苗龄单位。苗龄用阿拉伯数字表示，第一个数字表示播种苗或营养繁殖苗在原地的年龄；第二个数字表示第一次移植后培育的年数；第三个数字表示第二次移植后培育的年数，数字间用短横线间隔，各数字之和为苗木的年龄，称几年生。如：

1－0 表示 1 年生播种苗，未经移植。

2－0 表示 2 年生播种苗，未经移植。

2－2 表示 4 年生移植苗，移植一次，移植后继续培育 2 年。

2－2－2 表示 6 年生移植苗，移植两次，每次移植后各培育 2 年。

0.2－0.8 表示 1 年生移植苗，移植一次，2/10 年生长周期移植后培育 8/10 年生长周期。

0.5－0 表示半年生播种苗，未经移植，完成 1/2 年生长周期的苗木。

$1_{(2)}$－0 表示 1 年干 2 年根未经移植的插条苗、插根苗或嫁接苗。

$1_{(2)}$－1 表示 2 年干 3 年根移植一次的插条、插根或嫁接移植苗。

以上右下角括号内的数字表示插条苗、插根苗或嫁接苗在原地(床、垄)根的年龄。

6.3 起苗与分级统计

6.3.1 起苗

起苗又叫掘苗，就是把已达出圃规格或需移植扩大株行距的苗木从苗圃地上挖起来。这一工作是育苗事业的重要生产环节之一，它直接影响苗木的质量和移植成活率、苗圃的经济效益以及城市绿化效果。因此，起苗工作必须认真细致，方法得当，严格掌握技术要求，保证苗木质量。

1. 起苗季节

落叶树种起苗时期原则上应在苗木秋季落叶后或春季萌芽前的休眠期进行。有些树种也可在雨季进行。常绿树种的起苗，北方大都在雨季或春季进行，南方则在秋季气温转凉后的10月份或春季转暖后的3～4月及梅雨季节进行。

1）秋季起苗

早春发芽较早的树种，如落叶松、水杉等，应在秋季起苗。过于严寒的北方地区，苗木在苗圃内不能安全越冬，需将苗木挖起以保护假植越冬的幼苗，也应在秋季起苗。

秋季起苗应在苗木地上部分停止生长，叶片基本脱落，地上封冻前进行。此时根系仍在缓慢生长，起苗后及时栽植，有利于根系伤口愈合，而且有利于劳力调配，减轻春季劳力紧张的矛盾。

2）春季起苗

主要用于不宜冬季假植的常绿树或假植不便的大规格的苗木。春季起苗一定要在树液开始流动前进行。最好随起随栽。

3）雨季起苗

多用于常绿树种，如侧柏、樟子松、油松等，应随起随栽。

4）冬季起苗

适于南方。北方冬季起苗是指大苗破冻土、带土球进行起苗。这种方法一般在特殊情况下采用，而且费工费力，但可利用冬闲。

2. 起苗方法

1）人工起苗

人工起苗一般分为裸根起苗和带土球起苗两种方法。

(1) 裸根起苗

绝大多数落叶树种和容易成活的针叶树小苗均可裸根起苗。

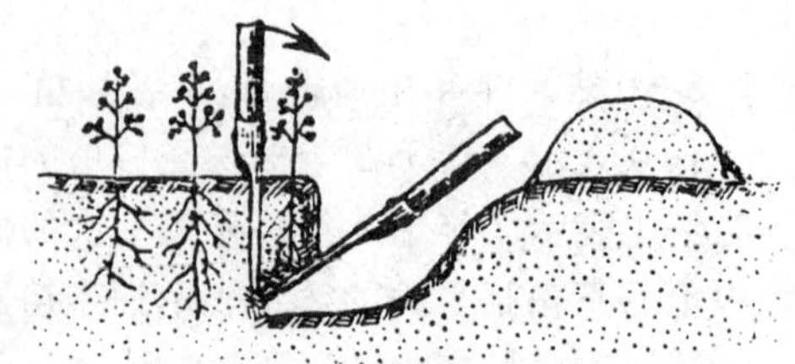

图6-1 人工起苗示意图

起小苗时，沿苗行方向距苗行20 cm左右处挖一条沟，在沟壁下侧挖出斜槽，根据根系要求的深度切断苗根，再于第二行与第一行间插入铁锹，切断侧根(图6-1)，把苗木推在沟中即可取苗。取苗时注意把根系全部切断再拣苗，不可硬拔，免伤侧根和须根。

大苗裸根起苗时，宜单株挖掘，带根系的幅度应为其根颈粗的5～6倍，在稍大于规定的根系的幅度范围外挖沟，切断接合部侧根。再于另一侧向内深挖，将主根切断，注意不要使根系劈裂，然后将苗木轻轻放倒，再打碎根部泥土，尽量保留须根。苗木起后，应注意苗木保湿，防止失水，如果不立即栽植，要及时进行假植。针叶树种小苗及细须根多的阔叶树种小苗，起后应立即打浆，用湿草帘包起，以防风干。

(2) 带土球起苗

一般常绿树、名贵树种和较大的花灌木常采用带土球起苗。土球的大小，因苗木大小、根系分布情况、树种成活难易、土壤质地等条件而异。一般土球直径约为根际直径的8～10倍，土球高度约为其直径的2/3，应包括大部分根系在内，灌木的土球大小以其冠幅的1/4～1/2为标准。

起苗时先用草绳将树冠捆好，再将苗干周围无根生长的表面浮土铲去，然后在规定带土球大小的外围挖一条操作沟，沟深同土球高度，沟壁垂直。达到所需深度后，就向内斜削，将土球表面及周围修平，使土球上大下小呈坛子形。起掘时，遇到细根用铁锹斩断，3 cm以上粗根用枝剪剪断或用锯子锯断。土球修好后，用锹从土球底部斜着向内切断主根，使土球与地底分开，最后用蒲包、稻草、草绳等将土球包扎好。打包的形式和草绳围捆的密度视土球大小和运输距离的长短而定。

2) 机械起苗

用机械起苗，可以大大提高工作效率，减轻劳动强度，而且起苗的质量也较好。现在，很多规模大的苗圃都采用起苗犁，但该法只限于裸根起苗。

3. 起苗注意事项

(1) 为保证起苗质量，应注意苗根的长度和数量，尽量保证苗根的完整。

(2) 为保证成活率，不要在大风天起苗，以防苗木失水风干。

(3) 起苗前若圃地干旱，应在起苗前2～3 d灌水，使土壤湿润，以使苗木吸收充足水分，以利成活，并可减少根系损伤。

(4) 为提高栽植成活率，应随起随运随栽，当天不能栽植的要立即进行假植，以防苗木失水风干。针叶树在起苗过程中应特别注意保护好顶芽和根系的完整，防止苗木失水。

(5) 起苗时操作要细致，工具要锋利，保证起苗质量。

6.3.2 分级与统计

苗木分级又叫选苗，就是按照苗木的质量标准，将苗木分成若干等级，合乎一定规格的为同一类苗。苗木的等级反映苗木的质量。因此，为了便于苗木的包装运输以及苗木交易的标准化和规范化，苗木分级工作应按苗木级别规格严格进行。而出圃苗木的规格，又因树种、地区、用途不同而有差异，除一些特殊整形的观赏树种外，乔木的一级苗应是：

(1) 根系发达，侧根须根多而健壮。

(2) 树干健壮、挺直、圆满、均匀，有一定的高度和粗度。

(3) 树冠饱满、匀称，枝梢木质化程度好，顶芽健壮、完整。

(4) 无病虫害和机械损伤。

除上述条件外，不同功能的苗木还有不同的要求。如行道树特别要求树干通直健壮，分枝点有一定的高度；果树苗则要求骨架匀称，分枝角度合理，接口愈合牢靠，品种优良等。

园林苗圃的苗木种类繁多，规格要求复杂，气候条件、土壤条件、苗木生长期、苗木品种等均有很大差异，所以到目前为止，苗木分级各地没有统一标准。一般是同年龄苗木，根据苗高、地径、冠幅、根系、有无病虫害和机械损伤等，来进行苗木分级。

在苗木分级过程中，对于等外苗木，有培养价值的，可以集中继续培育，对于没有价值的，则应淘汰。苗木的分级工作最好在遮荫避风处进行，并做到随起苗、随分级，随假植或随出圃，以免失水过多，影响其成活率。

出圃苗木的统计，一般结合分级进行。大苗以株为单位逐株清点；小苗可以分株清点，为了提高工作效率，小苗也可以采用称重法，即称一定重量的苗木，再折算出该重量苗木的株数，最后推算出苗木的总株数。

6.4 苗木的贮藏

苗木贮藏的目的，是为了减少苗木失水干枯，防止发霉、根系腐烂，最大限度地保持苗木的活力。贮藏苗木的方法有假植和低温贮藏。

6.4.1 假植

将苗木的根系用湿润的土壤暂时培埋起来，防止根系干燥，称为假植。

1. 假植的类别与方法

根据假植时间的长短，分为临时假植和越冬假植(长期假植)。

1) 临时假植

起苗后不能及时栽植，为防止苗木失水，暂时用湿土培埋根系即为临时假植。苗圃起苗后不能及时运出，或是运到施工地不能及时栽植均需采取临时假植方法。苗圃地可在掘苗区的一侧，施工地可在附近土层湿润处，在不影响作业的情况下，掘临时假植沟，一般苗木沟深 20～30 cm，宽 20～30 cm。将分级打捆的苗木直立或倾斜放入沟中，码成 5 捆或 10 捆一排，不捆的苗木可 50 株或 100 株一排，然后用挖下个沟的土埋好第一排苗木的根系，同时挖好第二排沟，再按埋第一排苗木的方法埋好第二排苗木，依此类推，将苗木全部假植完。此种方法时间不宜太长，一般 5～10 d，时间过长易造成苗木失水，影响成活。如遇大风或日照强，空气干燥，应适当喷水。

2) 越冬假植

入冬前将苗木全部埋入假植沟内使之安全越冬的方法即为越冬假植。秋季起苗后，将已分级的苗木按不同树种、不同规格分别斜置于假植沟内。当气温降至 5℃以下，苗木已进入休眠状态时，将苗木全部用土埋严越冬。此法由于苗梢全部埋入土中，避免了梢条失水，而根部处于冻土层内，温度低不会发热霉烂，因此，这一方法是幼苗安全越冬行之有效的方法。

长期假植贮存苗木，在入冬前(一般在 10 月下旬至 11 月上旬)，选地势高燥、排水良好、交通方便且背风的地方把假植沟挖好。若土壤湿度过大，则应提前挖好，以减少沟内湿度；若土壤过于干旱，则可在挖沟后灌水，以增加土壤湿度。沟的方向应与当地主风方向相垂直，迎风面的沟壁挖成45°的斜坡，背风面的沟壁挖成垂直。沟的规格依假植苗木的大小而定，一般小苗沟深为30～40 cm，中苗沟深为50～60 cm，大苗沟深为70～80 cm，沟宽100～150 cm。沟的长度依假植苗木的数量而定。将分级好的苗木，按品种、规格分别排列于斜壁上，用细碎湿土覆盖苗木的根部。覆土时，要摇动苗木根部，使土壤填满孔隙，覆土厚度为苗高的1/3～1/2。第一排埋好后码放第二排，依此类推。土地封冻前当气温降至0～5℃时，即可用土将苗木全部埋严，苗梢上部再覆土10 cm左右。当气温降至0℃以下时，再二次覆土20 cm左右，即可越冬。

在寒冷地区，易受冻害的苗木(如木槿等)，为使苗木安全越冬，可用深80 cm的深沟假植。封沟时，首先在苗梢上覆10 cm厚的土，然后在土上加一层10 cm左右厚的稻草或树叶，最后再覆15～20 cm厚的土，这样即可得到更为理想的保温效果。

在风沙危害大的地区，可在假植沟的迎风面设置风障，进行防风。

在南方冬季温暖且无大风的地区，为了少占用地，可将苗木直立假植，两侧培土。

大量假植时，为了便于春季起苗和运苗，假植沟之间应留有道路。

2. 假植注意事项

(1) 苗木入沟假植时，不能带有树叶，以免发热苗木霉烂。

(2) 一条假植沟最好假植同一树种、同一规格的苗木。若一条假植沟需假植两个树种或两个规格的苗木时，应在中间隔开一定的距离，以便管理。

(3) 同一条假植沟的苗木，每排数目要一致，以便统计数量。

(4) 假植完毕，假植沟要编号，并插标牌，注明苗木品种、规格、数量等。

(5) 假植期间要定期检查，土壤要保持湿润。早春气温回升，沟内温度也随之升高，若苗木不能及时运走栽植，应采取遮荫降温措施，以推迟苗木萌发期。

6.4.2 低温贮藏

为了更好地保证苗木质量，推迟苗木的萌发期，延长栽植时间，可采用低温贮藏的方法。低温贮藏的条件：

(1) 温度：温度控制在0～3℃，最高不要超过4℃。在此温度下，苗木处于全眠状态，而腐烂菌不易繁殖。

(2) 湿度：空气相对湿度控制在85%～90%左右。

(3) 通气设备：可利用冷藏库、冷藏室、冰窖、地窖等进行贮藏。

只要能控制好上述条件，贮藏苗木就能得到良好效果。例如，在温度为0.5～1.1℃，空气相对湿度为97%～100%的条件下，贮藏苗木达半年以上，仍不影响成活率。

对用假植沟假植易发生烂根现象的苗木，如核桃、青桐、木香等，可采用地窖贮藏。在排水良好的地方挖窖，上面加盖，在窖顶中央或两侧留通风口，在一端设出入口。当窖内温度约3℃时将苗木入窖。可将苗木在窖内平放，根部向窖壁，一层苗木一层湿沙。也可按临时假植的方法，将苗木分排用沙土埋严苗根，苗干可不用埋，均可得到良好的贮藏效果。

6.5 苗木的检疫和运输

6.5.1 苗木的检疫和消毒

苗木检疫是为了防止危害苗木的各类病虫害、杂草随同苗木在销售和交流的过程中传播蔓延。因此，苗木在流通过程中，应进行检疫。运往外地的苗木，应按国家和地区的规定对重点病虫害进行检疫，如发现本地区和国家规定的检疫对象，应停止调运并进行彻底消毒，不使本地区的病虫害扩散到其他地区。所谓"检疫对象"，是指国家规定的普遍或尚不普遍流行的危险性病虫及杂草。

引进苗木的地区，还应将本地区没有的严重病虫害列入检疫对象。如发现本地区或国家规定的检疫对象，应立即进行消毒或销毁，以免扩散引起后患。

消毒的方法很多，可用石硫合剂、波尔多液浸渍苗木根部，并用药液喷洒苗木的地上部分，消毒后，用清水冲洗干净。也可用氰酸气熏蒸，熏蒸时一定要严格密封，以防漏气中毒。先将硫酸倒入水中，再倒入氰酸钾，之后，工作人员立即离开熏蒸室，熏蒸后打开门窗，待毒气散尽后，方可入室。熏蒸的时间依树种不同而异(表 6-2)。

表 6-2 氰酸气熏蒸苗木的药剂用量及时间(熏蒸面积 100 m^2)

药剂处理 / 树种	硫　酸/g	氰酸钾/g	水/ml	熏蒸时间/min
常绿树	450	250	700	45
落叶树	450	300	900	60

6.5.2 苗木的包装和运输

1. 包装前苗木防止失水处理

常用苗木沾根剂、保水剂处理根系，保持苗木水分平衡。也可通过喷施蒸腾抑制剂处理苗木，减少水分丧失。

1) 泥浆沾根

俗称打浆。将苗木根系沾上泥浆，使根系形成湿润的保护层，能有效地保持苗木水分。

2) 苗木沾根剂沾根

苗木沾根剂是一种新型的高分子材料，吸水性能是自身的数百倍。高吸水树脂有多种型号，用于苗木沾根的类型为白色颗粒，无毒无味，具有很高的保水性，加入土壤还有改良土壤结构的作用。常用 1 份保水剂加 400～600 倍重量的水，搅拌即成胶冻状，用于苗木沾根价格便宜，用量少，是既理想又经济的苗木保水处理方法，值得推广。

3) HRC 苗木根系保护剂

HRC 苗木根系保护剂是黑龙江省林业科学研究所在吸水剂的基础上，加入营养元素和植物生长激素等成分研制而成的。HRC 为浅灰色粉末，吸水量为自身的 70 倍以上，加适量水后呈胶冻状，用于苗木沾根，提高栽植成活率，效果明显。

2. 包装材料及方法

如果苗木需长距离运输，为防止苗根失水干燥，影响栽植成活率和日后的生长势，要将苗木加以细致包装。

1）包装材料

目前生产上常用的包装材料有：聚乙烯袋、聚乙烯编织袋、草包、麻袋等。但是，除聚乙烯袋之外，其他材料保水性能差，而聚乙烯透气性能差。美国有商品化苗木包装材料销售，它是在牛皮纸内层增添一层蜡层，既有良好的保水作用，透气性又较好，用来包装苗木，再在袋外用机械打包机包装打包。有些现代化苗圃用浸蜡硬纸箱包装苗木。我国大兴安岭地区科委从德国引进苗木贮运保鲜包装袋技术，研制开发的专利产品由3层性能各异、作用不同的薄膜复合而成。外层为高反光层，反光率达50%以上；中层为遮光层，能吸收外层透过的98%光线；内层为保鲜层，能缓释出抑制病菌生长的物质，防止病害的发生。这种苗木保鲜袋可重复多次使用。

2）包装方法

进行苗木包装时，先将湿润物放在包装材料上，然后将苗木根对根放在湿润物上，并在根间加些湿润物，如苔藓、湿麦秆等。苗木放至适当的重量(20 kg左右)，将苗木卷成捆，用绳子捆住，但不宜太紧。最后在外面附上标签，其上注明树种、拉丁学名、苗龄、数量、等级和苗圃名称等。

若短距离运输，苗木可散装在筐篓中，首先在筐底放一层湿润物，再将苗木根对根分层放在湿润物上，并在根间稍放些湿润物，苗木装满后，最后再放一层湿润物即可。也可在车上放一层湿润物，上面放一层苗木，分层放置。

对于带土球起苗的常绿树、名贵树种和花灌木大苗应进行单株包装。可用蒲包和草绳进行包装。

3. 苗木运输

大量苗木外运可用汽车、火车、轮船、飞机等运输工具，运输途中，要注意检查苗木的温度和湿度。一般带叶苗木宜在5～10℃条件下运输，最好采用冷藏车厢，也可采取加冰降温的办法。休眠苗木，对短期运输途中的温度要求，上限不超出15℃，下限不低于0℃。若发现温度过高，要把包装打开通风降温。若发现湿度不够，则要适当喷水。运到目的地后，或及时栽植，或进行假植。若苗木失水过多，但尚未失去生机的，可将苗木水浸一昼夜再进行假植。

7 育苗新技术

7.1 容器育苗

容器育苗就是使用各种容器装入栽培基质培育苗木，其所得的苗为容器苗。

容器育苗开始于20世纪50年代中期，70年代大规模应用于生产，特别是为北欧的芬兰、瑞典、挪威以及美国等国家迅速采用。此外，加拿大、澳大利亚、日本、泰国、巴西、印度、马来西亚、尼日利亚、南非、东非等国家容器育苗发展很快。我国容器育苗开始于20世纪50年代末期，70年代也有较快的发展。

容器育苗已经被广泛应用于蔬菜、花卉、苗木、观赏植物等的栽培，成为集约化设施栽培的重要组成部分之一。目前，许多园林苗圃都不同程度地采用了容器育苗。

7.1.1 容器育苗的特点

1. 容器育苗的优点

(1) 充分利用有限的种子资源。特别是对遗传改良的种子或珍稀树种，由于种子数量有限，利用容器育苗能得到较高的出苗率。

(2) 可以提高苗木移植成活率。容器苗为全根、全苗移植，根系没有受到任何损伤，所以移植成活率几乎可以达到100％。

(3) 容器苗不受移植的季节限制，可以延长移植时间，什么时间移植都可以，有利于合理安排用工。

(4) 容器育苗由于有容器，培育时可以不占用好地。

(5) 容器苗移植后没有缓苗期，生长快，质量好。

(6) 容器育苗培育的苗木均匀整齐，适合于机械化作业，有效地提高了劳动生产率。

2. 容器育苗的缺点

(1) 容器育苗的单位面积产苗量低。培育针叶树种，裸根苗每平方米能产苗300～500株，而容器育苗产量为100～200株。如用小径容器每平方米可产400株，但苗木根系不发达，影响苗木质量。

(2) 容器育苗成本比裸根苗高。据我国的经验，容器苗的成本比裸根苗高5～10倍；国外高0.5～1倍。

(3) 育苗技术复杂，如营养土的配制和处理等比一般苗圃育苗复杂，而且费工。

(4) 容器苗的运输体积较大，运输费用较高。

7.1.2 育苗容器

育苗容器一般应具备下列条件：有利于苗木生长，制作材料来源广，加工容易，成本低廉，操作使用方便，保水性能好，浇水、搬运不易破碎等。

1. 育苗容器的种类

育苗容器随制作材料、规格大小、形状的变化而不同，并且不断改进。

按照形状可以把育苗容器分为：筒形(管形)、圆锥形(子弹形)、正方形、六角形、书本形、蜂窝形、营养砖等类型。

按照制作材料，育苗容器可以分为：纸质、粘土、合成纤维、软质塑料、硬质塑料、生物降解塑料、泥炭、聚乙烯泡沫等类型。

按照栽植方式，育苗容器可分为可栽植容器和不可栽植(可回收)容器两大类。可栽植容器通常是纸杯、粘土营养杯、泥炭容器、营养砖、营养杯等。不可栽植容器一般由塑料、聚乙烯等材料制成。

容器内部常设有 2～6 条纵向棱状突起，苗木根系沿棱线向下伸展，防止根系在容器中盘旋。

2. 育苗容器的规格

育苗容器的规格取决于育苗地区、栽培对象、育苗期限和苗木规格等。在保证栽植成效的前提下，尽量采用小规格容器。一般常规育苗容器高 10～25 cm，直径 5～15 cm。

3. 常用育苗容器

1) 筒形(管形)容器

有圆形、正六边形等种类。芬兰纸杯栽植后能迅速降解。

2) 圆锥形(子弹形)容器

能方便于人工或机械栽植，高径比约为 5∶1。

3) 纸杯

纸杯内层塑料复合层不易腐烂，但成本低，带纸杯栽植便于机械化作业。

4) 隔膜式蜂窝纸容器

由蜂窝纸质容器专用机制成，直径大小有 5～10 cm、高度 4～16 cm 供选择。填装基质方便，空间利用率高。

5) 营养砖

由泥炭、木屑、腐熟树皮等制作而成，有些种类吸水膨胀，使用方便。

6) 硬质塑料容器

有各种规格大小和形状，可重复使用，强度高。有些内壁做成阶梯状或 3～5 条纵向棱线，防止苗木根系盘旋。

7) 塑料或聚丙烯泡沫容器穴盘

有各种规格的板块，每穴盘上有孔穴数量 4×6、5×10、6×10、6×12 等规格，每穴口径大小有 4～7 cm^2 等多种规格。

7.1.3 育苗基质

1. 基质应具备的条件

基质是苗木培育的物质基础，是至关重要的育苗因素。容器育苗基质应具备的条件为：

(1) 经多次灌溉，不易出现板结现象，不论水分多少，体积保持不变。

(2) 具有种子发芽和幼苗生长所需要的各种营养物质。

(3) 保水性能好，通气性好。

(4) 不带草种、害虫、病原体。

(5) 重量轻，便于搬运。

(6) 含盐量低。

(7) 经过严格消毒，以杀灭其中的病菌、害虫和杂草种子。

2. 基质配制的主要材料

通常用来配制基质的材料为：泥炭、蛭石、珍珠岩、树皮粉、松林土、未经耕作的山地土等，这些材料都具有疏松透气、持水力强、质地轻等特点。

1) 泥炭和泥炭藓

泥炭是最常用的一种培养基质材料，它是由各种水生、湿生和沼生植物残体构成的疏松堆积物。泥炭的成分比较复杂，可分为 3 种基本类型：藓类泥炭、苔类泥炭和腐殖质泥炭。其中以水藓泥炭为最理想的培养基质材料。

泥炭在自然状态下湿度很大，含水量一般都在 50%以上。因此，一旦被水饱和，通气性就较差，所以必须与通气性极好的其他材料如珍珠岩、炉渣等混合使用。泥炭多呈酸性，pH 值为 5～6.5。

2) 蛭石

蛭石是云母经过高温处理后膨胀而成的海绵状颗粒。蛭石的重量很轻，每立方米只有 100～140 kg，呈中性，具有良好的缓冲性能，不溶于水，但能吸收大量水分，每立方米能吸水 400～450 kg。蛭石具有较高的阳离子交换能力，能够储备养分，逐渐释放，供苗木生长之需。蛭石在培养基质中主要是起疏松作用，并保持良好的通气性和透水性。

3) 珍珠岩

珍珠岩也是一种细小的海绵质颗粒，是由火山岩浆岩经高温煅烧膨化而成。具有很高的持水力，能保持相当于自身重量 3～4 倍的水分。珍珠岩的化学性质基本上呈中性，没有阳离子交换能力，不含矿质养分，最大的用处是增加培养基的通气性。

4) 树皮粉

在树皮资源丰富的地方，如木材加工厂附近，可以利用树皮粉来代替泥炭，但要注意有些树种的新鲜树皮对苗木有毒害，必须经发酵腐熟才能使用。用树皮粉代替泥炭时，通常要补充氮素，因为树皮粉分解时会消耗氮素，易造成失绿症。

此外，还可配合使用营养土、有机肥等材料。

3. 基质配方简介

育苗实践中常用的配方有：

1）泥炭和蛭石的混合物

常用混和比例为1∶1或3∶2或7∶3等。泥炭和蛭石的混合物是最常用的培养基质，二者的配合比例因具体条件（容器、温室和树种）不同而异，一般来说，蛭石越多，培养基的通气性和排水能力也越强；但蛭石加得太多，则培养基质显得过分松散，不利于保持根团的完整性。使用泥炭和蛭石培养基时，通常加入少量石灰石或矿质肥料。

2）泥炭、蛭石和表土的混合物

泥炭、蛭石和表土按1∶1∶2的比例混合使用。

3）泥炭和树皮粉的混合物

泥炭和发酵腐熟的树皮粉按1∶1比例混和，并加入少量氮肥。因发酵树皮粉酸性较强，常加入石灰把pH值调整到6.0～6.5。

4）泥炭和珍珠岩的混合物

泥炭和珍珠岩按1∶1或7∶3的比例混合使用。

4. 育苗基质的处理

1）调节基质的酸碱度

一般地，针叶树育苗基质pH值为5.0～6.0，阔叶树为6.0～7.0。在育苗过程中，由于施肥、灌水等措施，基质的pH值还会发生变化，需进一步调整。

2）接种菌根

接种有益微生物，能增加根部吸收养分和水分的表面积和范围，增加苗木对干旱、土壤高温和不适宜的土壤酸碱度的适应能力。松类受菌根影响最为显著，例如雪松育苗中，没有菌根会导致生长不良，生长量下降。具有天然菌根的树种有：松类、云杉、冷杉、落叶松、桉树、水青冈、栎类、核桃、刺槐、榆树、桤木等。

菌根接种一般采用把含有菌根的土壤加入容器育苗基质的办法。

3）基质消毒

基质消毒一般有两种方法：其一是采用高温消毒和蒸汽消毒；其二是化学药剂熏蒸消毒。

7.1.4 容器苗培育

1. 育苗地的选择

容器育苗应选择在地势平坦、排水良好的地方，切忌选在地势低洼、排水不良、雨季积水和风口处；对土壤肥力和质地要求不高、肥力差的土地也可进行容器育苗，但应避免选用有病虫害的土地；要有充足的水源和电源，便于灌溉和育苗机械化操作。

2. 基质装填与容器排列

基质装填前必须经充分混匀，以保证培育的苗木均匀一致。装填时，基质不宜过满，灌水后的土面一般要低于容器边口 1～2 cm，防止灌水后水流出容器。

在容器的排列上，要依苗木枝叶伸展的具体情况而定，以既利于苗木生长及操作管理，又节省土地为原则。排列紧凑不仅节省土地，便于管理，而且可减少蒸发，防止干旱。但过于紧密则会形成细弱苗。

3. 容器育苗的播种

容器育苗应选用高质量的种子，并实行每穴单粒播种，提高种子使用率。如不可避免地使用发芽率不高的种批，则需复粒播种，即一个容器内需播数粒种子，以减少容器空缺造成的浪费。播种后应及时覆土，覆土厚度一般为种子厚度的 1～3 倍，微粒种子以不见种子为宜。覆土后至出苗要保持基质湿润。

播种方法一般采用手工播种，也经常使用真空播种机播种。真空播种机由真空泵连接到吸头上，吸取种子，移入容器后解除真空，释放种子，完成机械播种。

4. 容器苗的管理

1）间苗与补苗

幼苗出齐一星期后，间除过多的幼苗，每个容器一般只留一株壮苗。对缺株的容器结合间苗进行补苗，注意间苗和补苗后要随时浇水。

2）施肥

容器苗施肥时间、次数、肥料种类和施肥量应根据树种特性和基质肥力而定。针叶树出现初生叶，阔叶树出现真叶，进入速生期前开始追肥。大量元素需要量相对较大，微量元素尽管需要量很小，但对苗木生长发育至关重要。根据苗木各阶段生长发育时期的要求，应不断调整氮、磷、钾等肥料的比例和施用量，如速生期以氮肥为主，生长后期停止使用氮肥，适当增加磷、钾肥，促使苗木木质化。

追肥宜在傍晚结合浇水进行，严禁在午间高温时施肥。追肥后要及时用清水冲洗幼苗叶面。

3）浇水

浇水是容器育苗成功的关键环节之一。浇水要适时适量，播种或移植后随即浇透水，在出苗期和幼苗生长初期要多次适量勤浇，保持培养基质湿润；速生期应量多次少，在基质达到一定的干燥程度后再浇水；生长后期要控制浇水。

浇水时不宜过急，否则水从容器表面溢出而不能湿透底部；水滴不宜过大，防止基质营养物从容器中溅出，溅到叶面上常会影响苗木生长。因此，在灌水方法上常采用滴灌或喷灌。

4）其他管理措施

对容器苗还需采取除草、防治病虫害等管理措施。

7.2 无土栽培

无土栽培就是不用土壤，直接用营养液栽培植物。为了固定植物，增加空气含量，大多数无土栽培采用砾、沙、泥炭、蛭石、珍珠岩、浮石、玻璃纤维、锯末、岩棉等作固体基质。

7.2.1 无土栽培的特点

1. 产量高、品质好

无土栽培由于解决了土壤种植不易解决的水、气和养分的供需矛盾，因此植物生长很快，单位面积产花量高，花朵的质量好，标准一致，特别适用于大量商品性切花生产，如无土栽培的香石竹比有土栽培的香石竹平均每株多产4朵花，而且香味浓、花期长，下部的叶片也不易脱落。

2. 节省养分和水分

在土壤中栽培植物，施用的肥料大部分随水流失或转变成气态而挥发，有的转变为难溶的状态不能被植物所吸收，一般要损失50%以上，而无土栽培的养分损失一般均不超过10%，水分消耗也比土壤栽培少7倍左右。

3. 清洁卫生，病虫害少

无土栽培杜绝了病菌及害虫潜伏的场所，病虫害大大减少，同时所用的肥料都是化学药品，无不良气味，不污染环境，生产的苗木容易达到出口检疫的标准。

4. 节省劳力，降低劳动强度

无土栽培不需要调制培养土，也不需要耕作和锄草，减轻了劳动强度，生产全过程若采用自动化操作，就更可节省劳力，为工厂化生产提供了条件。

5. 不受土地限制，适用范围广泛

无土栽培基本不受土壤条件的限制，在沙漠、荒山、海岛和盐碱地都可进行，还适合在窗台、阳台、走廊、屋顶、墙壁及其他空闲地上进行。

但是，无土栽培也存在一些缺点：一是开始时投资较大，耗能较多，生产苗木成本较高；二是有些病虫害传播较快，如镰刀菌和轮枝菌属的病菌危害较多；三是技术要求较严，营养液的配制也较为复杂。

7.2.2 无土栽培场地和植物种类的选择

选择无土栽培场地时，要全面考虑，以减少不必要的失误。首先场地要东、南、西三面能见到阳光，其次场地要平整，有进水和排水条件，并能控制培养室内的温度。

从理论上讲，无土栽培适用于所有的植物，但实际上不是所有的植物都适合无土栽培。一般用根与整个植物体重量的比值，来判定植物是否适于无土栽培，比值在1/8～1/4的植物最适宜无土栽培，如香石竹、月季、菊花、百合等。

7.2.3 无土栽培的设备

无土栽培所需设备主要包括栽培容器、贮液容器、营养液输排管道和循环系统。栽培容器指装放固定基质和栽培植物的容器，可以是塑料钵、瓦钵或由水泥、砖、木板等砌成的栽培床或槽。不论是哪种质地的容器,以容器壁不渗水为好。因为容器壁渗水,不仅浪费营养液,而且容易引起局部盐分积累,影响植物生长。

营养液的配制和贮存需要容器,一般采用木桶、塑料桶或用水泥和砖砌成的池,容器的选择及规格的确定应根据需要灵活掌握。

营养液输排管道一般为镀锌水管或塑料管。循环系统由水泵控制,用来将营养液灌入种植槽中,营养液流经栽培床后,贮积于液罐中,可循环使用。

另外,较大规模的无土栽培场还需配置一套测定分析 pH 值及主要营养元素的设备。

7.2.4 营养液的配制和使用

无土栽培中,营养液是最重要的,同时也是最困难的问题。要明确使用营养液,关键是要选好肥料和配方,保持养分平衡。

1. 营养液的配制

在配制营养液时,要先看清各种药剂的商标和说明,仔细核对其化学名称和分子式,了解其纯度是否含结晶水等,然后根据选定的配方,准确称出所需的肥料加以溶解。

溶解无机盐类时,可先用 50℃的少量温水将其分别溶化,然后按配方开列的顺序逐个倒入装有相当于所定容量 75%的水中,边倒边搅拌,最后用水定容到所需的量。

调节 pH 时,应先把强酸强碱加水稀释或溶化,然后逐滴加入到营养液中,并不断用 pH 值精密试纸或酸度计进行测定,调节至所需的 pH 值为止。不同植物对 pH 值的要求不同(表 7-1)。

表 7-1 不同植物对营养液 pH 值的适应范围

pH 值	4.8～5.2	5.8～6.2	6.3～6.7
植 物 名 称	杜鹃、八仙花、山茶花、栀子、蕨类、马蹄莲、秋海棠类、报春、仙客来	鸢尾、羽衣甘蓝	白玉兰、桂花、牡丹、月季、风信子、水仙、晚香玉、文竹、菊花、香石竹

在配制营养液时,还要添加少量微量元素,常用微量元素肥料有硫酸亚铁、硼酸、硫酸铜、柠檬酸铁、硫酸锌、硫酸锰等。在选择微量元素肥料时,要注意营养液 pH 值的影响,因为其中的某些元素,如铁在碱性环境中易生成沉淀,不能被植物吸收。

在进行较大规模的花卉无土栽培时,每次配制营养液多以 1 000 L 为单位,因而不可能用蒸馏水来配制,一般用自来水,因此必须事先对用水取样分析,如果是硬水,营养液中能够游离出来的离子数量会受到限制。自来水中的氯化物和硫化物对植物有毒害作用,所以在用自来水配制营养液时,应加少量的乙二胺四乙酸钠(EDTA 钠)或腐殖质盐酸化合物来克服上述缺点。

2. 无土栽培常用肥料和营养液配方

1) 无土栽培常用肥料

常用肥料有钾化合物、磷化合物、钙化合物、镁化合物、硫化合物、微量元素等几大类型,包括植物生长所需的 12 种元素,即大量元素氮、磷、钾、钙、镁、硫;微量元素铁、锰、铜、锌、硼、钼。现将常用于无土栽培的肥料列于表 7-2。

表 7-2 无土栽培常用肥料

名称	分子式	分子量	供应的元量	在水里的溶解度	备注
硝酸钾	KNO_3	101.1	K^+, NO_3^-	1∶4	易溶
硝酸钙	$Ca(NO_3)_2$	164.1	Ca^{2+}, $2(NO_3^-)$	1∶1	易溶
硫酸铵	$(NH_4)_2SO_4$	132.2	$2(NH_4^+)$, SO_4^{2-}	1∶2	易溶
磷酸二氢铵	$NH_4H_2PO_4$	115.0	NH_4^+, $H_2PO_4^-$	1∶4	仅在光照充足或缺氨时使用
硝酸铵	NH_4NO_3	80.05	NH_4^+, NO_3^-	1∶1	仅在光照充足或缺氨时使用
磷酸氢二铵	$(NH_4)_2HPO_4$	132.1	$2(NH_4^+)$, HOP_4^{2-}	1∶2	仅在光照不足或缺氨时使用
磷酸二氢钾	KH_2PO_4	136.1	K^+, $H_2PO_4^-$	1∶3	易溶
氯化钾	KCl	74.55	K^+, Cl^-	1∶3	仅在缺钾和溶液中无氯化钠时使用
硫酸钾	K_2SO_4	174.3	$2K^+$, SO_4^{2-}	1∶15	应在热水中溶解
过磷酸钙	$Ca(H_2PO_4)_2 \cdot 2CaSO_4$		Ca^{2+}, $2(H_2PO_4^-)$		难溶
重过磷酸钙	$Ca(H_2PO_4)_2 \cdot H_2O$	252.1	Ca^{2+}, $2(H_2PO_4^-)$		难溶
硫酸镁	$MgSO_4 \cdot 7H_2O$	246.5	Mg^{2+}, SO_4^{2-}	1∶2	易溶
氯化钙	$CaCl_2 \cdot 6H_2O$	219.1	Ca^{2+}, $2Cl^-$	1∶1	易溶，缺钙时用最好，不宜用于有氯化钠的溶液
磷酸	H_3PO_4	98.0	H^+, PO_4^{3-}	浓缩液	缺磷时使用
硫酸亚铁	$FeSO_4 \cdot 7H_2O$	278.0	Fe^{2+}, SO_4^{2-}	1∶4	
氯化铁	$FeCl_3 \cdot 6H_2O$	270.3	Fe^{2+}, $3Cl^-$	1∶2	
螯合铁	FeEDTA	382.1	Fe^{3+}		一种理想的铁源溶于热水中
硼酸	H_3BO_3	61.8	B^{3+}	1∶20	
硫酸铜	$CuSO_4 \cdot 5H_2O$	249.7	Cu^{2+}, SO_4^{2-}	1∶5	
硫酸锰	$MnSO_4 \cdot 4H_2O$	223.1	Mn^{2+}, SO_4^{2-}	1∶2	
硫酸锌	$ZnSO_4 \cdot 7H_2O$	287.6	Zn^{2+}, SO_4^{2-}	1∶3	

2）几种常用营养液配方

(1) 格里克(W. F. Gericke)基本营养液配方见表 7-3。

表 7-3 格里克基本营养液(1 000 L 水中含量)

化合物	化学式	重量/g
硝酸钾	KNO_3	542
硝酸钙	$Ca(NO_3)_2$	96
过磷酸钙	$CaSO_4+Ca(H_2PO_4)_2$	135
硫酸镁	$MgSO_4$	135
硫酸	H_2SO_4	73
硫酸铁	$Fe_2(SO_4)_3 \cdot n(H_2O)$	14
硫酸锰	$MnSO_4$	2
硼砂	$Na_2B_4O_7$	1.7
硫酸锌	$ZnSO_4$	0.8
硫酸铜	$CuSO_4$	0.6
总计		1 000.1

(2) 凡尔赛营养液配方见表 7-4。

表 7-4 凡尔赛营养液 (单位:g/L)

大量元素			微量元素		
硝酸钾	KNO_3	0.568	碘化钾	KI	0.002 84
硝酸钙	$Ca(NO_3)_2$	0.710	硼　酸	H_3BO_3	0.000 56
磷酸铵	$NH_4H_2PO_4$	0.142	硫酸锌	$ZnSO_4$	0.000 56
硫酸铵	$(NH_4)_2SO_4$	0.284	硫酸锰	$MnSO_4$	0.000 56
氯化铁	$FeCL_3$	0.112			
总　计		1.704	总　计		0.116 52

(3) 波斯特营养液配方见表 7-5。

表 7-5 波斯特营养液 (单位:g/L)

成　分	化学式	加利福尼亚州	俄亥俄州	新泽西州
硝酸钙	$Ca(NO_3)_2$	0.74		0.900
硝酸钾	KNO_3	0.48	0.58	
磷酸铵	$(NH_4)_2HPO_4$			0.007
硫酸铵	$(NH_4)_2SO_4$		0.09	
磷酸二氢钾	KH_2PO_4	0.12		0.250
磷酸钙	$CaHPO_4$		0.25	
硫酸钙	$CaSO_4$		0.06	
硫酸镁	$MgSO_4$	0.37	0.44	0.430
总　计		1.71	2.42	1.587

7.2.5 无土栽培的基本方法

无土栽培的方法很多,一般根据所用的培养基质,将其分为水培、沙培、砾培、蛭石培、岩棉培和木屑培等。

1. 水培法

此法将植物根连续或不连续地浸在营养液中进行栽培。它用一个 17.5 cm 深的槽,装入 15 cm 深的营养液,槽上放一个带有 12 cm 高的栅栏,栅栏上放置刨花、稻草、棉花和泥炭等混合物作苗床,以固定植株,调整液面的高度,使其与栅栏有一定空隙,以使根部通气。水培结构见图 7-1。

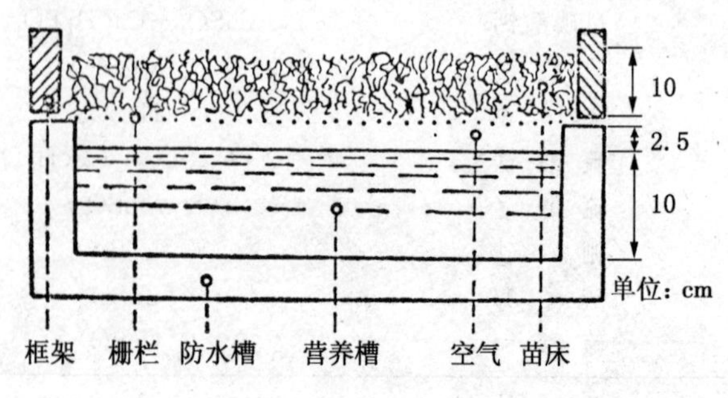

图 7-1 水培装置截面图

这种方法在阳光充足的条件下能获得高产,在潮湿阴雨的地方效果不好,而且常会出现供铁不足的问题,且植株固定在金属网上,花费劳力很多。后来,人们对此法进行了改造,用泥炭和炉渣的混合物作基质,这样泥炭富于毛细管，能保持水分，炉渣含有大孔隙，便于通气；又用铁的螯合物给植物供应铁，溶液由高处自由落下并使其循环，从而富含氧气。

2. 沙培法

此法用直径小于 3 mm 的松散颗粒（沙、珍珠岩、塑料或其他无机质）作固定基质，植物根生长在多孔的或无孔的基质中。早在 20 世纪 30 年代，此法就有人进行了研究，现已有多种方法。

1）新泽西法

液桶放在约 1 m 高处，桶内加入营养液，液体从管中流下，注入栽培作物的沙槽中。后来改用防水的槽，用抽水机一日数次将营养液抽入槽内，全面操作可用机械化。其缺点是建造费用高，并需在温室中进行。

2）表面浇水法

植物种植在装有沙子做的苗床或钵中，所需的养分和水配制成溶液，用管或喷液器送到沙层表面，液体任其排下。这种系统消耗较多的肥料，下雨时可能导致槽内充水。

3）滴灌栽培法

在高处的水池中装有已稀释的营养液，经一滴头连续落在植物生长的沙床上。液体渗过培养基质，聚集在集水穴中，随时抽回贮水罐内。此法需用防水槽，并要定期检查营养液的 pH 值。

4）干施法

这是一种改良的沙培法。将干燥的养分混合物定期撒在沙床上，并立即淋水。这种方法比较简单。

总的说来，沙培法不是很好的办法，主要原因是细沙营养液循环慢，不能带进充分的氧。要使根间有充分的氧，沙培法不易掌握，因为太干植物会萎蔫，太湿则空气不易流通。故沙培法很少用于大规模生产。

3. 砾培法

此法用直径大于 3 mm 的不松散颗粒（砾、玄武岩、熔岩、塑料或其他无机物）作固定基质，植物生长在多孔或无孔的基质中。

砾培设备一般包括盛营养液的罐，带有培养基的培养床和灌营养液用的水泵，还要有水管或流水槽。供水方法有两种，一是美国系统，又称下面灌水法；二是荷兰系统，因为是菲利浦博士发明的，故又称为菲利浦系统，也称上面灌水法。两种系统都有很多改革，但仍有差别。美国系统的溶液是从罐抽入培养床，使新的溶液与旧的溶液相混合。而菲利浦系统则是完全更换培养基中的老溶液。

1）下面灌水法

在不透水的槽内装入砾石或其他比砂要粗的基质，厚 15～20 cm，从下面用营养液定期灌注，然后任其流出。营养液进入培养床后，悬在培养基颗粒上和根上的老溶液以及从灌溉中来的新溶液混合后，又从同一条管排回罐中。主要设备有培养床，在地面下的贮液罐和一台离心抽水机，整个系统采用自动化，借营养液的流出与流入，可使植物的根很好地接触空气，定期更换新溶液（图 7－2）。

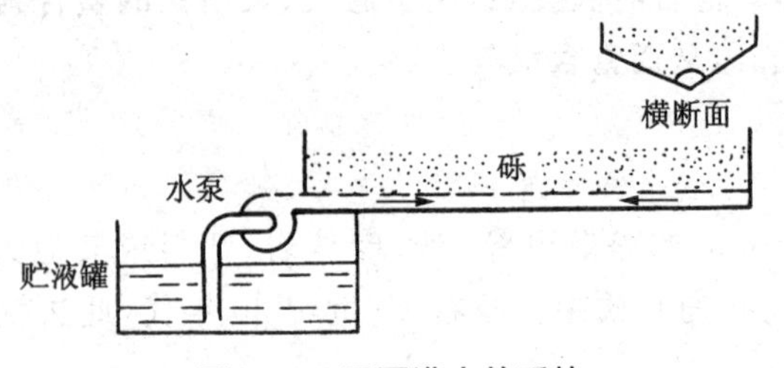

图 7-2　下面灌水的砾培

世界各地砾培设备 90%属于下面灌水式。其优点是比较经济，缺点是通气不好，但在输入营养液时，给予良好的通气，还是能够取得较好的效果的。

2）上面灌水法

溶液也是用泵从罐中将水打入培养床，但在床中或灌水后用另一条管排回，排回时，流动是强烈的，营养液进入培养床从高处自由落下，因而通气好（图 7-3）。

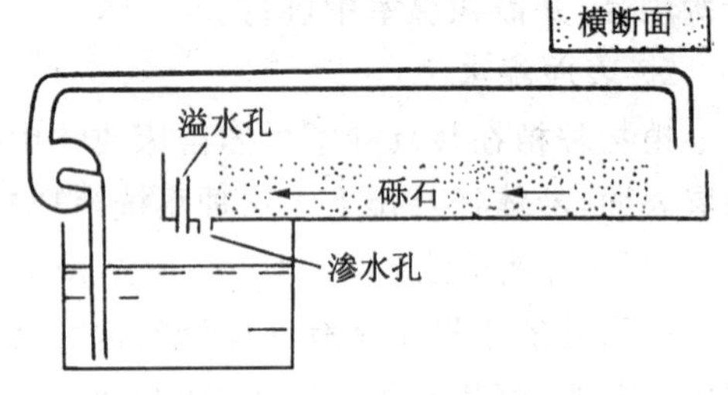

图 7-3　上面灌水的砾培

上面灌水系统对小的设备效果好，如果是长槽，由于砾石的阻力，效果较差。实践证明，用直径 15 mm 左右的砾石和长 6 m 左右的培养床比较好。在砾培中，由于砾与砾之间空隙较大，通气性好，但保水力较差，每日至少需灌水 7 次，花费太大，目前较少采用。

4. 木屑培法

木屑价格便宜，无病虫害传染，在城乡可以大量稳定取得。木屑往往和谷壳混合使用，效果很好。目前，国外流行用轻质材料种植花卉，木屑与谷壳混合，质地较轻，正是盆栽花卉的好材料。

选用稍粗的木屑混以 25%的谷壳，可以得到较好的保水性和通气性的基质。

木屑和谷壳两者的含碳量均很高（木屑 50%，谷壳 40%），而氮素含量极低（常不到 0.1%），即 C/N 比很高，若作基质，就会有随着分解而发生微生物与植物争氮的现象，造成植物缺氮，生长不良。因此要加入氮化合物如豆饼、鸡粪、牛粪、化学氮肥等，以调节 C/N 比。生产上多用木屑 70%，谷壳 20%，饼肥 5%，加水至含水量为 60%～70%后混合堆积，堆积时间高温期 90 d，低温期 120 d，堆积过程中翻动数次，使上下内外均匀腐熟。

我国上海和日本常将谷壳放在高温下进行炭化处理，作为无土栽培的基质，效果亦好。

5. 蛭石培法

蛭石是由黑云母和金云母风化而成的次生矿物质，其化学成分为水化的硅酸铝镁铁，当其在约 1 000℃的炉中加热时，其结晶水变为蒸汽，体积大为膨胀，形成疏松的多孔体。其容重为 0.096～0.16 g/cm^3，呈中性反应，含可被植物利用的镁和钾，具有良好的保水性能，蛭石能吸收 500～650 L/m^3 的水，因此可作为栽培植物的固定基质。常用蛭石有 4 个级别：1 号的颗粒直径为 5～8 mm；2 号的颗粒直径为 2～3 mm；3 号的颗粒直径为 1～2 mm；4 号的颗粒直径为0.75～1 mm。最常用的是2号蛭石。膨胀蛭石在吸水后不能挤压，否则会破坏其多孔结构。长期使用后的蛭石，其蜂房状结构崩溃，排水和通气性能降低，达不到良好效果。生产上常把它与珍珠岩或泥炭混合使用。

6. 岩棉培法

岩棉是60%的辉绿石、20%的石灰石和20%的焦炭的混合制品。在辉绿石和石灰石内加入焦炭，在1 500～2 000℃高温下熔融，并被挤压成70～80 kg/m^{3}的片状物，然后开始冷却，当温度降到200℃时，加苯酚树脂固定成型。新的岩棉块pH值都大于7，使用前必须用水先浸泡。

在生产上，一般将岩棉切成不同规格的方块，把植株种于方块中，放在装有营养液的盘或槽上，随着植株的不断生长，原有岩棉块将容纳不下逐渐生长的根系，应把它套入较大的岩棉块中进一步培养，以满足花卉不断生长的需要。营养液的供应也可采用滴灌方式。

7.3 组织培养育苗

7.3.1 植物组织培养的概念

植物组织培养，是利用植物体离体的器官、组织或细胞等，在无菌和适宜的人工培养基及光、温等条件下进行人工培养，使其增殖、生长、发育而形成完整的植株。培养的离体材料称为外植体。植物组织培养根据外植体的不同，可分为胚胎培养、器官培养、组织培养(含愈伤组织)、细胞培养、原生质体培养和细胞杂交等。

植物细胞全能性是植物组织培养的基础。自1958年Steward首次用胡萝卜细胞悬浮培养再生植株成功，证实了1902年德国植物生理学家Haberlandt提出的高等植物的器官和组织可以不断地分割，直至单个细胞，而且每个细胞都具有进一步分裂、分化、发育能力的观点，植物组织培养得到国际生物学界的高度重视。1960年，法国的Morel利用组织培养技术，成功地进行了兰花的快速繁殖。50年来，植物组织培养在植物类型、植株各种组织、器官、细胞、培养方式、培养基成分和培养条件方面等不断取得重大进展，工作面愈来愈广，经济效益愈来愈高。可以预料，植物组织培养有着更为广阔的发展前景。

7.3.2 植物组织培养的特点

植物组织培养不仅保持了常规培养繁殖方法的全部优点，还具有以下特点：

(1) 繁殖周期短，繁殖速度快。可在短期内快速获得遗传性稳定一致的群体，使现有良种在生产上早日发挥作用。

(2) 增殖倍数高。这对难以繁殖或缺乏大量繁殖材料的珍贵树种中新选育出来或引入的优良品种、家系、无性系的快速大量繁殖推广具有重要意义。

(3) 繁殖材料需要量少。可在最佳的树木个体上经济取材，从而快速获得大量遗传性高度一致，同时具有优良表型的良种壮苗。

(4) 利于实现工厂化育苗，大规模批量生产所需苗木。

(5) 能获得无病原菌和无病毒的苗木无性系，这是其他营养繁殖方法所不能达到的。

无病毒植株的生长率高，发达国家已经商品化生产。

当然，组织培养也存在着操作技术烦杂，要求有一定设备条件以及试验阶段成本较高等问题。

7.3.3 组织培养的条件

1. 实验室

组织培养因其在无菌条件下进行，需有一定的实验室条件，一般应具备：

1）化学实验室

用于存放各类化学药品，配制培养基等。需具有以下物品：

(1) 药品柜：存放化学药品。

(2) 玻璃器皿柜：存放各类玻璃器皿。

(3) 试验台：分别用来安放天平和配制培养基。

(4) 冰箱：存放配好的母液和一些需低温保存的药品及植物材料等。

(5) 其他：天平、水浴锅、酸试计、水池等。

2）洗涤消毒室

用于器皿的洗刷、消毒、干燥等，配有高压灭菌锅、烘箱、木架、水池等。有时可与化学实验室合并。

3）无菌操作室

用于植物材料的消毒、接种、转移、原生质体制备等。要求室内封闭，保持无菌。并具有以下物品：

(1) 超净工作台：用于消毒、接种、转移培养材料。

(2) 紫外灯：用于空气消毒。

(3) 解剖镜：用于胚培养、茎尖培养等时剥取外植体。

(4) 低速离心机：用于原生质体制备。

4）培养室

是供培养物生长的场所。主要有培养架、控温、控光设备等。

培养架可分 4～5 层，上安 30～40W 日光灯照明，每天照明 10～16 h，可用自动定时器控制。温度一般在 15～25℃，可用空调调节。冬季也可用取暖器、电炉等加温。此外还可根据需要安置液体培养所需的摇床、转床等。

2. 常用药品

组培所需药品主要用于培养基的配制，也有部分用于外植体消毒。主要有以下几类：

1）消毒药品

主要有次氯酸钠(钙)、过氧化氢、漂白精片、溴水、硝酸银等。

2）无机盐类

包括大量元素和微量元素两类。大量元素主要有 N、P、K、Ca、S、Mg 等。主要的无机盐有：KNO_3、$MgSO_4 \cdot 7H_2O$、NH_4NO_3、KH_2PO_4、$CaCl_2 \cdot 2H_2O$、B 等。主要的盐有 $Fe_2(SO_4)_3$、$FeSO_4 \cdot 7H_2O$、Na_2HPO_4、$NaNO_3 \cdot Na_2SO_4$、$CuSO_4$、$Na_2MoO_4 \cdot 2H_2O$、

$CoCl_4$、$CoCl_2 \cdot 6H_2O$、KI、H_3BO_3 等。无机盐是供外植体吸收的基本营养成分，各有不同作用，如 N、P 影响蛋白质的合成，Ca、K、S、Mg 影响酶活性等。

3）有机化合物

主要有蔗糖、维生素类、氨基酸等。其中蔗糖是不可缺少的碳源，也是渗透压的调节物质。维生素的主要作用是促进细胞分裂和诱导器官分化。氨基酸是蛋白质组成成分，也是有机氮源。

4）植物生长调节剂

用于组织培养的主要有生长素、细胞分裂素及赤霉素三大类。

（1）生长素类：主要有 IAA（吲哚乙酸）、NAA（萘乙酸）、2,4－D（2,4－二氯苯氧乙酸）和 IBA（吲哚丁酸）。2,4－D 有利愈伤组织生长。NAA、IAA、IBA 有利器官分化。

（2）细胞分裂素类：主要有 KT（激动素）、BA（6－苄基腺嘌呤）、ZT（玉米素）等。细胞分裂素的主要作用是促进细胞的分裂和分化，其中激动素能明显地促进芽的分化而抑制根的形成。

（3）赤霉素：以赤霉酸 GA_3 运用最广泛，有促进不定芽和幼植株伸长的作用。

5）有机附加物

包括人工合成和天然的有机物，常用的有酵母提取物、椰乳、果汁等及相应的植物组织浸提液。对细胞和组织的增殖和分化有一定促进作用。此外，琼脂在组培中作为凝固剂，是外植体的支持体，常用浓度为 0.5%～1%。

6）水

培养基用水原则上使用蒸馏水、去离子水等，尤其在对化学成分要求较精确的试验中。但在组培苗的批量生产中，可根据情况选用自来水配制，以降低成本。

7.3.4 培养基的配制

1. 培养基种类及成分

培养基根据其物理性状大致分成两类，即固体培养基和液体培养基。在培养基中加入一定量的凝固剂（如琼脂、明胶等）即为固体培养基，而不加入凝固剂的即为液体培养基，具体运用上应视培养目的要求不同分别选择采用。

无论是固体还是液体培养基，其基本成分是类似的，一般可大致分为两个部分，即基本培养基如 MS、B5、N6、Nitsh 等及附加成分如激素和天然附加物等，其基本成分如表 7－6 和表 7－7。

表 7－6 几种培养基主要成分表 （单位：mg/L）

组成成分	MS	B5	Nitsh	N6	改良 MS
NH_4NO_3	1 650				
KNO_3	1 900	2 500	125	2.3	1 900
$CaCl_2 \cdot 2H_2O$	440	150		166	440
$MgSO_4 \cdot 7H_2O$	370	250	125	185	370
KH_2PO_4	170		125	400	170
$(NH_4)_2SO_4$		134		463	
$NaH_2PO_4 \cdot H_2O$			150		

续表 7-6

组成成分	MS	B5	Nitsh	N6	改良 MS
KI	0.83	0.75		0.8	0.83
H_3BO_3	6.2	3.0	0.5	1.6	6.2
$MnSO_4 \cdot 4H_2O$	22.3	10	3	4.4	16.9
$ZnSO_4 \cdot 7H_2O$	8.6	2.0	0.5	1.5	8.6
$Na_2MoO_4 \cdot 2H_2O$	0.25	0.25	0.025		0.25
$CoCl_2 \cdot 6H_2O$	0.025	0.025			0.025
Na_2—EDTA	37.3	37.3		37.3	37.3
$FeSO_4 \cdot 7H_2O$	27.8	27.8		27.8	27.8
$Ca(NO_3)_2 \cdot 4H_2O$			500		
柠檬酸铁			10		
$CuSO_4 \cdot 5H_2O$	0.025	0.025	0.025		0.025
蔗糖/g	30	40	20	50	50
pH	5.8	5.5	6.0	5.8	5.7

表 7-7 几种培养基附加成分表 （单位：mg/L）

附加成分	MS	B5	Nitsh	N6	改良 MS
肌　　醇	100.0	100			100
烟　　酸	0.5	1.0		0.5	0.5
盐酸吡哆醇	0.5	1.0		0.5	0.5
甘 氨 酸	2.0		2.0	2.0	
激 动 素		0.1		0.04～10.0	
2.4-D		0.1～1.0			
盐酸硫铵等	0.4	10		1.0	0.1
吲哚乙酸					1.0～30.0

2. 培养基的配制

1）母液的配制与保存

由于培养不同植物，需要配制不同的培养基，为了减少工作量，可先把药品配成母液（即浓缩液），再稀释 10～100 倍，其中大量元素倍数略低，一般为 10～20 倍，微量元素和有机成分及铁盐等可扩大 50～100 倍。母液的配制及保存应注意以下几个方面：① 药品称量应精确，尤其是微量元素化合物应精确至0.000 1 g，大量元素化合物可精确至 0.01 g。② 配制母液的浓度适当，倍数不宜过大，一则长时间保存后易沉淀，二则浓度大，用量就少，在配制培养基时会影响精确度。③ 母液贮藏时间也不宜过长，一般几个月左右，在配好的母液容器上应注明配制日期，以便定期检查，如出现浑浊、沉淀及霉菌等现象，则不能使用。④ 母液应在 2～4℃的冰箱内保存。

2）培养基的配制

首先要根据培养基配方，算好母液吸取量，并按顺序吸取，然后加入蔗糖溶液，并加入蒸馏水定容至所需体积，并用 0.1～1 mol/L 的 HCl 或 NaOH 调整 pH 值，加入琼脂加热熔化，配制好的培养基要趁热分注，倒入试管、三角瓶等培养器皿中，一般至容器 1/4～1/5 左右，最后加塞或封口准备消毒。

3）培养基的消毒

由于培养基内有丰富的营养物质，极利细菌和真菌繁殖，造成污染，影响组培的成功，因此培养基消毒是必不可少的一个环节。消毒方法一般有高温高压消毒和过滤消毒两种方法。

（1）高温高压消毒：一般用消毒锅消毒，把装有培养基的培养器皿先放入消毒篓中，再放入加有水的消毒锅内，注意容器不能装得过满，以免影响锅内蒸汽循环，装好后将锅盖拧紧，加热，并打开放气阀，待水煮沸后，放气 3～5 min 排出锅内冷空气，即可关上放气阀并继续加热，使锅内保持 1.1 kg/cm^2、温度 120℃左右，大约 15～20 min 即可。

（2）过滤消毒：一些易受高温破坏的培养基成分如 IAA、IBA、ZT 等，不宜用高温高压法消毒，则可经过滤消毒后加入高温高压消毒的培养基中。过滤消毒可用细菌过滤消毒器，通过其中 0.45 μm 孔径的滤膜将直径较大的细菌等滤去。过滤消毒应在无菌室或超净工作台上进行，以避免污染培养基。

7.3.5 组织培养方法和程序

1. 外植体的建立

1）外植体的选取

组织培养的外植体，一般分为两类。一类是带芽的外植体，如茎尖、侧芽、鳞芽、原球茎等组织培养过程中可直接诱导促进丛生芽的大量产生，其获得再生植株的成功率较高，变异性也较小，易于保持材料的优良性状。另一类主要为根、茎、叶等营养器官及花药、花瓣、花萼、胚珠、果实等生殖器官。这类外植体大都需要一个脱分化过程，经过愈伤组织阶段再分化出芽或产生胚珠状体，然后形成再生植株。

在快速繁殖上，最常用的外植体是茎尖，通常切块在 0.5 cm 左右，太小产生愈伤组织的能力较弱，太大则在培养器皿中占有空间太多。此外，如果为培养无病毒苗而采用的外植体则通常仅取茎尖分生组织部分，其长度常在 0.1 mm 以下。

2）外植体的消毒

由于外植体大都采用外界生长的植株，常带有各种微生物，如带入培养基，会迅速繁殖而形成污染，导致培养工作的失败。因此，外植体消毒是必不可少的工作。消毒既要杀灭外植体的病菌，但也不能伤害材料而影响其生长，由于材料不同，栽培条件、季节等不同，不同外植体消毒应选用各自合适的消毒剂种类、消毒剂浓度、消毒时间及处理程序。

理想的消毒剂应有较强的杀菌能力，并应具有易去除而不易伤害外植体的特点，常用的次氯酸钠（0.5%～10%）和漂白粉（1%～10%）滤液能分解产生具杀菌作用的氯气，并自行散发到空气中，只要浓度得当，不易伤害外植体。双氧水（3%～10%）也易分解散失而不易伤害外植体。酒精（70%）具较强的渗透力和杀菌作用，且易散发，但会杀死组织细胞，所以消毒时间不宜过长，常用酒精先消毒几秒钟，有利其他消毒剂渗入材料而发挥杀菌作用。

一般消毒方法和程度因材料等差异而不同，常用的如：

（1）先用酒精（70%）浸数秒，取出后放入氯化汞（0.1%）中，视材料幼嫩程度浸 1～8 min，再用无菌水冲洗 3～5 次。

(2) 先用酒精(70%)浸数秒,取出后置 10%次氯酸钙饱和上清液浸 10～20 min 或 2%～10%次氯酸钠溶液浸 6～15 min,取出后用无菌水冲洗 3 次。

2. 外植体的繁殖

外植体的增殖是组培的关键阶段,接种后的培养容器在培养室中,一般每天光照 16 h,1 500～3 000 lx,温度在 25℃左右进行分化培养,在新梢等形成后为了扩大繁殖系数,还需要进行继代培养。把材料分株或切段转入增殖培养基中,增殖培养基一般在分化培养基上加以改良,以利于增殖率的提高。增殖培养 1 个月左右后,可视情况进行再增殖,经一次又一次的继代,即可增加植株数量。

继代培养中由于外植体本身来自无菌环境,不需再消毒,操作较方便。但是由于继代培养中外植体分化能力会逐渐下降,所以继代培养代数也不是无止境的。

3. 根的诱导

继代培养形成的不定芽和侧芽等一般没有根,必须转移到生根培养基上进行生根培养。生根培养基较多用 1/2 MS 培养基,因为降低无机盐浓度有利于根分化。此外,生根培养基在激素种类和浓度上与增殖培养基有较大差异。主要如细胞分裂素、生长素等,一般细胞分裂素抑制生根而生长素促进生根。

一般在生根培养基中培养 1 个月左右即可获得健壮根系。此外,生产中也有用具根原基试管苗,即只在生根培养基中培养 7～10 d,诱导根原基或小于 1 mm 的幼根后即用于移植,由于其基部切口已愈合而形成根原基,不易感染,且栽后能很快生根,具较高的成活率。

4. 组培苗的炼苗移栽

生根或形成根原基的试管苗从无菌、光、温、湿稳定环境中进入自然环境,从异养过渡到自养过程,必须经过驯化锻炼过程即所谓炼苗。

一般移植前,先打开培养容器盖子,于室内自然光照下放 3 d,然后取出苗,用自来水将根系上的琼脂冲洗干净,再栽入已准备好的基质中。基质常用泥炭、珍珠岩、蛭石、砻糠灰等或适当加部分园土,使用前最好用高温或药物消毒。移栽前期要适当遮荫,加强水分管理,保持较高的空气湿度(相对湿度 90%左右)。但注意基质不宜过湿积水,以防烂苗。此外,温度对成活率影响也很大,以 15～25℃最适宜,夏季温度过高,小苗水少易萎蔫,水多又易腐烂,管理较困难,成活率下降,炼苗 4～6 周,新梢开始生长后,小苗即可转入正常管理。

7.4 人工种子、种子大粒化与自动播种生产线播种育苗

7.4.1 人工种子

1. 人工种子的含义

植物组织、细胞培养可以形成小芽或胚。当组培中的植物体经历了一些特殊的培养过

程，就可能形成胚，这样就称为体细胞胚。通过培养产生的大量幼芽和体细胞胚，用特定方法将其包裹起来加以保护，制成具有种子功能的类似物，这就叫人工种子。1983 年美国的植物基因公司率先研制出人工种子，引起轰动。

2. 人工种子的特点

(1) 便于组培苗保存，组培苗木像种了一样可以干燥保存，有休眠期，便于长途运输。

(2) 具有种子机能，人工种子使芽、胚具有自然种子机能，在包皮内部，可以加入促进根、茎、叶生长的调节物质和发芽时防止感染病害的抗菌剂及除草剂等。

(3) 可增强抗性，人工种子可以接种弱病毒，增强对病害的抗性。为了防止连作危害，可以包入有益微生物。

(4) 可直接播种，不必再专门进行驯化操作。

(5) 提高繁殖效率。人工种子是由体细胞形成胚和芽，所以对种子不育性的植物或单性结实的植物可以利用其体细胞形成胚状体进行大量繁殖，人工种子是最佳的快速繁殖途径。

(6) 兼有无性繁殖和有性繁殖的优点，因为人工种子是由体细胞起源，可保持亲本的遗传特性。目前，花卉大量应用杂种一代进行生产栽培，要年年制种，有些制种效率很低，人工种子只要发现一株优良组合就可以进行大量繁殖，使杂交育种和杂种优势更发挥威力。

3. 人工种子的条件

人工种子(图 7－4)既然称为种子，就必须满足 3 个基本条件：

(1) 能适应苗床或实际土壤栽培；

(2) 具有可贮藏性；

(3) 方便运输。

实际上，尽管目前人工种子资料报道较多，但人工种子仍处在胶囊化技术研究阶段，对上述 3 个条件尚未充分满足。但随着生物技术的迅猛发展，可以预言，人工种子必有一个良好的发展前景。

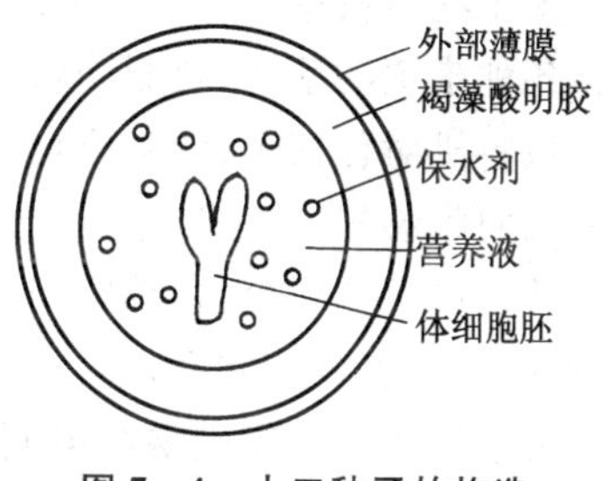

图 7－4　人工种子的构造

7.4.2　种子大粒化

1. 种子大粒化的含义

种子人粒化是现代育苗中配合机械化播种的一项重要技术措施。种子大粒化是在作物种子外面包裹一层包衣物质(肥料衣)，使原来小粒种子或形状不正的种子成为大粒、正形(即圆形或卵圆形)的种子。包衣种子重量为原有种子重量的 20～40 倍，直径为 3.0～3.5 mm，大多用于花卉等园艺植物种子。

2. 种子大粒化的作用

(1) 适于机械化播种，提高播种质量，有利于掌握播种量和播种深度，节省种子用量。

(2) 种子播后可以不覆土，这种种子吸水力增强，所以种子发芽整齐，苗生长一致且质量好。

(3) 减少间苗次数,甚至不必间苗,节约用工。

(4) 包衣物质中含有杀菌剂,可以减少病害的发生。

另外,由于苗齐、苗壮,可增加出苗量,提高经济效益。

种子包衣采用种子包衣机进行机械化操作,一般由种子公司大规模进行。包衣物质大多由两层组成。外层具有成型性、吸湿性和可溶性。在种子发芽以后,这种物质能自行裂开,不会影响种子发芽。其内层物质中含有肥料和杀菌剂。

日本用磁性粉作为种子包衣。他们把发芽高的优质种子与种子相同体积的磁性粉放在筒状容器中,用手强烈振动 1~2 min,即可使包衣包裹在种子上,不必事先浸种。采用磁性粉作种子包衣,对发芽无影响,这种种子很适于机械化播种。

7.4.3 自动播种生产线播种育苗

现代苗木生产中已开始采用先进的育苗生产线,早在 20 世纪 80 年代中期欧洲一些国家就开始使用,近年来设备功能已有显著改善。以美国胖龙公司播种生产线为例,其功能是自动完成基质混料、基质分盆、容器填料、打播种孔、播种、覆盖、淋水、容器码垛、容器分离等一系列过程,适用于各种树木种子和大多数园艺、花卉种子的播种,适用范围小至矮牵牛种子,大到橡树种子(4 cm 左右)。

整个生产线均由电脑程序控制,可由单人操作,一次性完成整盘播种。

基质混料机有大、中、小型之分。有些型号自带内流式混料注水头,可同时连续、均匀地混合各种难填的基质、化肥和农药等材料。自动加湿器可自动调控供水量。

填料机对任何干、湿基质均可使用,适用于各类穴盘,且每穴填料量可以调控,还自带余料清扫回收装置。

填盆机可完成分盆、填料、打孔、自动调节基质填充量和压实程度等,可根据需要打出孔数不同、大小各异的穴孔。

淋水设备采用聚碳酸酯可调速的链条传动,顶部配有 3 个可调换的喷嘴,可根据需要调节用水量的大小。

容器播种机有小型针式播种机、全自动针式精量播种机、康尼克普及型播种机等数种类型,能够播种各类大小的种子及畸形种子。全自动针式精量播种机能使填料、刮平、压坑、点种、盖种、喷水整个生产过程全部实现自动化。

目前,我国许多大型现代化苗圃已引进和使用自动播种生产线,显著提高了播种育苗的效率。

8 常用园林苗木的繁育技术

8.1 常绿乔木的育苗技术

8.1.1 雪松 *Cedrus deodara* (*Roxb.*) *Loud.*

1. 生物学特性

雪松为松科雪松属常绿大乔木。又名喜马拉雅杉、喜马拉雅雪松。树姿雄伟壮丽，挺拔苍翠，材质优良，是我国和世界著名的观赏树种。原产喜马拉雅山西部，目前已在北京以南各城市的园林中广泛栽培。雪松为阳性树，有一定耐阴能力；深根系，生长中速，寿命长，性喜凉爽、湿润气候；喜土层深厚、排水良好之土壤；怕低洼积水，怕炎热，畏烟尘。

2. 扦插育苗

1）采穗母树和插穗的选择

采穗母树和插穗的年龄大小是雪松扦插育苗成活率高低的关键因素之一。母树年龄越小，扦插成活率越高，其中实生母树的插穗又高于扦插母树的插穗。

插穗年龄越小，其分生能力越强，生根也越容易。因此，最好选用健壮幼龄实生母树上的 1 年生粗壮枝条作为插穗。如无幼龄实生母树时，也可用 10 年以内扦插母树树冠上部 1 年生壮枝作插穗，但其成活率较低。幼龄母树以树冠中部枝条的插穗成活率高；而年龄较小的母树则以树冠上部枝条的成活率较高。

2）插穗的剪取和处理

剪取插穗宜在无风有露水的早晨或阴天进行。选取 1 年生粗壮枝条作插穗，长 15 cm 左右，基部要剪平滑，并剪去第二次分枝和下部针叶（插穗 1/2 以下）；如夏季扦插，应剪取当年抽出的新梢作为插穗，其基部应带一部分去年老枝。剪好后用浓度为 500 mg/kg 的萘乙酸水溶液或酒精溶液浸插穗基部 5 s，随即扦插。

3）扦插方法

雪松一年四季均可扦插，以春插为主，夏插次之。春插以 2～3 月为宜；夏插视当年新梢生长情况而定，江浙地区可在 5～6 月上旬。

采用高床育苗，将各同类规格（长度、粗度）的插穗，分床按株行距 5 cm×10 cm 开沟扦插或直插入苗床。入土深度一般为插穗长的 1/3 或 1/2，视其土壤质地而定，土壤质地疏松的可深些，土壤粘重的要浅些。插后随即喷浇一次透水，使插穗与土壤密接。

4）扦插苗管理

雪松插穗生根时间较长。春插时从幼龄实生母树采的插穗，一般 60 d 左右开始生根；从扦插母树采的插穗，要 90 d 才开始生根；而夏插时约 40 d 左右可开始生根。因此扦插后的抚育管理是很重要的。

扦插后应及时架设荫棚遮荫，减少蒸腾，防止插穗在生根前萎蔫。温度高时要盖双帘，必要时四周加风障。荫棚要做到晴天早盖晚揭，久雨后迟盖早揭。立秋后可以撤除荫棚。

插穗未生根前，要经常保持土壤处于湿润状态。天气晴朗干旱，每天应早晚各喷水一次。阴天，如土壤尚处于湿润时不必喷水或轻量喷细水一次。插穗生根后，如土壤过湿，容易烂根而造成死亡，因此要适当减少喷水次数和喷水量。

3. 播种育苗

1）采种

由于雌雄花期不遇，雪松不易结实。近年青岛、南京、无锡、西安等地，在开花盛期（10 月中旬至 11 月上旬）于 30 年生左右母树上，进行人工辅助授粉 2～3 次，可以获得种子。在翌年 10 月采种，每千克种子 8 000 粒左右。干藏不宜过长，第二年春季播种。

2）整地及土壤处理

播种地应选择土层深厚、排灌方便、疏松肥沃的砂质壤土，做成高床，每亩施基肥 2 500～4 000 kg，并施硫酸亚铁 5～7.5 kg 或 70％敌克松粉 0.5 kg 进行土壤消毒，施 5％辛硫磷颗粒剂 1.5～2.5 kg，以消灭地下害虫。

3）播种

在春分前进行。播种前 2～3 d 灌足底水，每亩播种量 5 kg 左右。先将种子用冷水浸种 2 d，待种皮稍晾干后即可播种。为节约种子，可进行点播，株行距为 10 cm×15 cm，深度为 1～1.5 cm，播后覆细土，用稻草或塑料薄膜覆盖苗床，半个月后则相继萌芽出土。

4）播种苗的管理

播种后幼苗出土 80％即可逐渐去掉覆盖物。幼苗出土 2～3 周后，每隔 10～15 d 施腐熟人粪尿稀液一次，浓度逐次增大。如施化肥，每亩用 2.5～5 kg。天气炎热应及时灌水。为预防幼苗猝倒病、叶枯病，在出苗后可喷 0.5％的波尔多液或喷 70％的敌克松 700 倍液。

5）温床营养杯育苗

用温室或温床营养杯育苗，可以减少种子用量，并可早播，延长幼苗生长期，有利于培育壮苗。将经过消毒的营养土装入营养杯后，放置于温室苗床或温床中，12 月下旬，将经过催芽后破口露白的种子，播入营养杯中，每杯 1 粒，随即浇透水。以后定期喷水，温度保持在 10～20℃。翌年 4 月初，苗高 7～8 cm，再按株行距 15 cm×20 cm 移植于苗床，其后的管理与苗床育苗相同。

8.1.2 圆柏 *Sabina chinensis* (*Linn.*) *Antoine*

1. 生物学特性

圆柏为柏科圆柏属常绿乔木，又名桧柏。耐寒、耐旱性较强，稍耐阴；能抗多种有害气体，并能吸收一定数量的硫和汞。其树形优美，又耐修剪，寿命长，为我国自古喜用的园林树种之一。其园林用途极广，除作庭园观赏树外，宜作桩景和盘扎整形材料，又为北方较好的绿篱材料。

2. 播种育苗

1) 种子处理

圆柏种子10～11月间成熟，采回球果后，除去果肉，用水洗净、阴干。播种用的种子需层积处理。层积沙藏1年，春、秋播种均可。或在1月初将去果肉的种子用5%福尔马林液浸3 min，用水冲洗后层积于5℃左右的环境中，约经100 d，则种皮开裂，即可播种。

2) 整地及土壤处理

选择排水灌水方便，土层深厚、疏松肥沃的壤土，秋冬进行深耕，不耙（有利积雪灭虫），早春浅耕耙平，并结合翻耕每亩施基肥5 000～7 500 kg，可施5%辛硫磷颗粒剂3～5 kg，以灭地下害虫。作床要求床面平整细致，便于排水与灌水。

3) 播种方法

用撒播或条播。条距25～30 cm，播幅10 cm，播种深度1.0～1.5 cm，覆土厚度1.0～1.5 cm，播种前2～3 d灌一次透水，播后轻轻压实，使土壤与种子密接，随后用稻草覆盖。约经15～20 d左右发芽出土，因幼芽出土时带种壳，故应注意防止鸟害，此时逐渐分批撤除盖草。苗木生长初期，幼苗扎根尚浅，组织幼嫩，易遭干旱及日灼危害而死亡，应加强田间管理，及时松土除草，适时灌水，保持土壤湿润，注意雨后及时清沟排水。苗高2 cm时宜进行第一次间苗，留优去劣，留稀去密。间苗后培土，厚0.5～1 cm，亦能防止日灼。苗木速生期，是培育壮苗的关键时期，除松土除草外，应每隔10～15 d灌水一次，并结合灌水施追肥2～3次。当苗木高3 cm时，进行第二次间苗（定苗），株距15 cm。苗木生长后期，为促进苗木木质化、形成健壮顶芽、防止徒长，不宜灌溉，可施钾肥。当年苗木高20 cm左右。

圆柏播种苗，在第二年春经间取后的留床苗，或移植他床的植移苗，培育满2～3年高可达40～50 cm，4～5年生高可达60～80 cm。

3. 扦插育苗

1) 硬枝扦插

（1）插穗采集：圆柏扦插育苗，一般在8～9月进行。插穗应从8～20年生的健壮母树上采取，以树冠中、上部侧枝的顶枝较好。插穗粗0.5～1.2 cm，长30～40 cm，剪去下部2/3的侧枝。剪取后要注意遮盖，防止风吹日晒，尽量减少插穗水分蒸发，应随采、随剪、随插。

（2）扦插方法：有埋插、湿插两种。

① 埋插。埋插就是在经过深耕、整地的苗床上，按行距30 cm开沟，沟深20～25 cm，将插穗按株距15 cm放入沟内，在开第二道沟的同时，将取出的土顺势埋在第一道沟内，并用脚踏实，埋土深度以使插穗1/2入土为宜，以此类推，直至插完。插后立即灌透水，使水下渗到插穗的下端剪口以下5 cm。

② 湿插。湿插也叫浆插，或叫落水插。就是在整好的苗床上先灌透水，待水刚渗下时（渗透土深30 cm左右），按株行距15 cm×30 cm将插穗插入土中，深为插穗长的1/2。插后再灌一次水，使插穗与土壤密接，随后松土保墒。

（3）扦插苗管理：插后要经常保持土壤湿润，一般插穗2个月后即开始愈合，当年开始生根。干旱地区应在结冻前后灌水，早春萌动时灌水。应及时松土除草，在旺盛生长季节应加强水肥措施。1年生苗高可达50 cm左右，亩产苗1万～2.2万株。

2）软枝扦插

即于5～6月份采健壮的一二年生枝，扦插于粗砂床内，上覆盖塑料薄膜，荫棚遮荫，并每天喷水，一般40～60 d即可生根。随后撤除覆盖物，进行正常管理。

8.1.3 龙柏 *Sabina chinensis* (*Linn.*) *Antoine* '*Kaizuca*'

1. 生物学特性

龙柏为柏科桧柏属常绿乔木。树冠幼龄时为圆筒形，成年为圆锥形，树干挺直。侧枝螺旋状向上合抱，叶密生无刺。果实为球形，蓝色有腊粉，为桧柏的一个变种。龙柏原产我国长江以南。为阳性树，稍耐阴，性喜温暖湿润的气候，对土壤要求不严。不耐涝。

2. 扦插育苗

1）插穗准备

在幼年母树的树冠外围，选当年生长约15 cm的短枝略带树皮撕下，或用侧枝顶芽剪下作插穗，依长度分别扦插。

2）扦插时期

以冬春为主，而以早春扦插管理较易。

3）扦插方法

插前用500 mg/kg 吲哚丁酸(IBA)蘸插穗基部(快蘸)，然后按8 cm×4 cm行株距开沟扦插，插入2/5～1/2，并浇透水，搭设较低些的荫棚遮荫。

4）管理要点

插后约2个月开始发根，入秋生根迅速，发根前的管理很重要。温度高时要盖双帘，必要时四周加风障。荫棚要做到晴天早盖晚揭，久雨后迟盖早揭。立秋后可以撤除荫棚。

插穗未生根前，要经常保持土壤处于湿润状态。天气晴朗干旱，每天应早晚各喷水一次。

阴天，如土壤处于湿润时不必喷水或轻量喷细水一次。插穗生根后，如土壤过湿，容易烂根而造成死亡，因此要适当减少喷水次数和喷水量。

3. 嫁接育苗

嫁接繁殖一般在4月上中旬进行，以2～3年生侧柏或桧柏作砧木，用皮下腹接法嫁接，则幼苗生长健壮，抗寒性增加，树形也较丰满。以侧柏作砧木的苗木树形呈柱状。

另外，龙柏在春、秋季播种也可得到理想的苗木。

8.1.4 广玉兰 *Magnolia grandiflora Linn.*

1. 生物学特性

广玉兰为木兰科木兰属常绿乔木，又名荷花玉兰、大花玉兰。原产北美东部，我国长江流域以南地区常见栽培。树姿雄伟、叶厚花大，宜孤植、丛植，是良好的城市绿化观赏树种。广玉兰喜光，幼树较耐阴；喜温暖湿润气候，也有一定的耐寒能力（能耐短期－19℃的低温）；喜肥沃、湿润、排水良好的酸性或中性土壤，不耐碱；生长速度中等；根系发达，较抗风；对烟尘、二氧化硫有一定抗性；病虫害少。

2. 播种育苗

1）采种和种子贮藏

广玉兰的果实在9～10月成熟，成熟时其蓇葖果开裂，露出红色假种皮。为防止种子损失，需在其蓇葖果微裂、假种皮刚呈红黄色时即及时采收。果实采下后，放置阴处晾5～6 d，促使开裂，取出具有假种皮的种子，放在清水中浸泡1～2 d，擦去假种皮。取得的白净种子拌入煤油或磷化锌以防鼠害。若不立即播种，则需混沙层积贮藏，沙不能太湿，在贮藏期时要经常检查，防止种子因霉烂而失去生活力。

2）播种

播种期有随采随播（秋播）及春播两种。随采随播利于发芽，但不利于越冬；春播则需要妥善贮藏。两种播法各地均有采用。苗床地要选择肥沃疏松的砂质土壤；深翻并除草灭虫，施足基肥。床面平整后，在床上开播种沟，沟深5 cm，沟宽5 cm，沟距20 cm左右，进行条播，将种子均匀播于沟内，覆土后稍加镇压。春播的需搭设荫棚。有些地区由于种源缺乏，常用小型繁殖床撒播，精细管理，能获得较好的效果。一般播种量每亩5 kg左右。

3）插种苗管理

在幼苗具2～3片真叶时带土移栽。由于苗期生长缓慢，除草、松土工作要经常进行。5～7月间，施追肥3次，可用充分腐熟的稀薄粪水。

3. 嫁接育苗

嫁接常用木兰（木笔、辛夷）作砧木。木兰砧木用扦插或播种法育苗，在其干径达0.5 cm左右即可作砧木用。

3～4月采取广玉兰1年生带有顶芽的健壮枝条作接穗，接穗长5～7 cm，具有1～2个腋芽，剪去叶片，用切接法在砧木距地面3～5 cm处嫁接。接后培土，微露接穗顶端，促使伤口愈合。也可用腹接法进行，接口距地面约5～10 cm。有的地区用天目木兰、凸头木兰等作砧木，嫁接苗木生长较快，效果更为理想。

4. 压条育苗

广玉兰的压条繁殖常用空中压条法，在春季进行。选一二年生枝条进行环状剥皮，用塑料袋包住，内填充培养土或苔藓等保湿，一般至秋季即可获得新植株。为使压条苗正常越冬，在与母株分离后，可先进行假植，防寒保护，第二年春季再行移栽。

8.1.5 樟树 *Cinnamomum camphora* (L.) *Prest*

1. 生物学特性

樟树为樟科樟属常绿乔木，又名香樟，是我国特产，一般分布于长江流域及以南地区。樟树比较喜光，幼时稍耐阴；喜温暖湿润气候，耐寒性不强，在-18℃短暂低温时幼枝受冻；喜深厚、肥沃、湿润的微酸性至中性土壤，在地下水位较高的潮湿地也能生长，并能耐短期水淹；不耐干旱瘠薄；主根发达，属深根性树种，能抗风，萌芽力强，耐修剪；生长速度中等（幼年较快，中年后转慢）；寿命长；有一定耐潮风、抗煤烟能力。樟树四季常青，树姿雄伟，冠大荫浓，有香气，是城市绿化的良好树种，可作庭荫树、行道树，也可营造林带。孤植、丛植均可。

2. 播种育苗

1）采种与种实调制

选择生长迅速、健壮、树形端正的15～40年生母树进行采种。10～11月间，果皮由青色转为紫黑色时，及时采摘，不能过迟或过早。过迟种子容易散失、变质；过早则未充分成熟，发芽力低。

樟树果实属浆果状核果，容易发热发霉或变质，采下后需及时将果实浸水2～3 d，搓去果肉，除净果皮，再拌以草木灰溶液脱脂12～24 h，洗净阴干后，再进行贮藏。

贮藏方法是将种子晾干后和湿沙混合或层积埋藏，室内木箱、室外干燥之处均可，要防止种子过分干燥或霉烂。

2）浸种与播种

播种前用0.5%的高锰酸钾溶液浸种2 h，进行消毒灭菌，然后用温水进行间歇浸种催芽，可使出苗整齐、均匀，并使出苗提早。

播种期各地不同，有随采随播，有冬季播种，也有在春季播种的。一般来讲，播种期提早一些可显著提高幼苗的生长量。冬季寒冷地区，常在2～3月进行春播，南方地区常用秋冬播。播种方式常用条播法，条距20 cm，播种沟深2～3 cm，宽5 cm，播后覆土1～1.5 cm；每亩播种量为10 kg左右。

3）播后管理

播后约20～30 d开始发芽，在幼苗具数片真叶时进行间苗，苗高10 cm左右定苗，株距10 cm左右。苗期及时中耕除草及防治病虫害。夏季是苗木生长旺盛期，应及时追肥，并注意保持土壤湿润，适时灌溉防旱。

为促使侧根生成，可在幼苗具2～5片真叶时，用利铲与苗成45°插入土中断根，移植时能提高成活率。

樟树幼苗一般需经过1～2次移栽，一般在梅雨季节进行幼苗第一次移栽，移时将幼苗主根保留10～15 cm剪截，侧根保留，并多带宿土。第二年春季或秋季进行第二次移栽。此时要带土球，尽量少伤根系，并进行适当的剪叶和疏枝，以减少树体水分蒸发，提高成活率。

定植后的樟树苗木，除要抓紧肥、水、防治病虫等日常管理外，每年还需在春秋季节进行整形修剪工作，修剪的主要目的是保持樟树生长主枝的生长优势，防止树冠过偏、过矮和主干弯曲，以形成卵球形的优良树冠。对一些交叉、过密枝适当删除，病虫枝、枯枝则一概除去。

此外，还可用分蘖繁殖法培育苗木。

8.1.6 女贞 *Ligustrum lucidum Ait.*

1. 生物学特性

女贞为木犀科女贞属阔叶常绿乔木。秦岭、淮河流域以南均有分布，山西、河北、山东及甘肃的部分地区亦有栽培。性喜光，稍耐阴。喜温暖湿润气候，耐寒性较差。具深根性，根系发达，喜深厚、肥沃、湿润的微酸性至微碱性土壤。生长迅速，萌芽力强，耐修剪。能适应城市环境，对二氧化硫、氯气、氟化氢及粉尘等均有较强的抗性。是良好的荫蔽树种。

2. 播种育苗

1）采种及种子处理

11～12 月果实成熟后采收，或在树下扫集蓝黑色核果，搓洗去果皮，出种率约为 25%，种子千粒重约 36 g 左右，发芽率一般为 50%～70%。

2）播种

秋播、春播均可，常用撒播。秋播的种子不需经任何处理，采后即播。秋播核果每亩需 140～150 kg，播后铺草覆盖。春播时种子需先行沙藏，干藏的种子播种前应行温水浸种。春播干种子每亩需 30～40 kg，春播在 3 月上中旬至 4 月，播后不需盖草。发芽后至梅雨季匀苗一次。幼苗怕涝，圃地宜选用地势高、排水好的砂壤土。

3）苗期管理

苗期除草保湿，按常规管理追肥 1～2 次，当年生苗高可达 50～80 cm。当年冬季即可出圃供绿篱用。大苗则需换床培养，经 4～5 年出圃。

另外，也可用扦播、压条法来繁殖苗木。

8.1.7 棕榈 *Trachycarpus fortunei* (*Hook. f.*)*H. Wendl.*

1. 生物学特性

棕榈为棕榈科棕榈属常绿乔木，又名棕树、山棕。原产我国。除西藏外，秦岭以南地区均有分布。棕榈为耐阴植物，苗期耐阴性更强；喜温暖气候，不耐严寒，成年树可耐－7℃短暂低温；喜排水良好、湿润、肥沃的中性及微酸性土壤；能耐轻度盐碱，也能耐一定的干旱和水湿；喜肥；对烟害及有毒气体的抗性较强；病虫害少；根系浅，须根发达，生长较慢。棕榈挺拔秀丽，具南国特色，常绿耐阴，适应性强，是工厂、街头、庭园绿化的优良树种，可列植、丛植、片植。棕榈用播种繁殖，随采随播或春播均可。

2. 播种育苗

1）采种和种子处理

10～11 月种子成熟时将果枝割下，采取种子，用草木灰溶液浸泡 3～5 d，搓去种子表皮的蜡质，或堆沤 3～4 d 去蜡，即可播种。若进行春播，则可将种子铺成 10～15 cm 厚摊晾 2～3 d，阴干后，与湿沙混藏至翌春播种。

2）播种方法

选择排水良好的湿润土壤，施足基肥，整地作床；床面平整后，开沟条播，沟距 20 cm，播后覆土 2～3 cm，上盖稻草。苗床设在半庇荫处为好，有些地区利用苗圃内落叶乔木树种的大苗下进行间作，效果良好。播种量每亩 15 kg 左右。

3）苗期管理

出苗后注意除草。间苗一次，使株距保持在 10 cm 左右。施肥 2～3 次，可施用腐熟粪水。第 2～3 年春季进行移栽（秋季也可）。由于棕榈须根多，盘结成泥垛状，移栽时将泥垛挖起即可，栽植时切忌过深。

棕榈叶片枯死后，应及时在棕皮处剪去。棕皮的剥除随要求而异，要使植物高大，每年春、冬两季剥去 1～2 片棕皮，则高生长加速，粗生长减弱，每年剥棕皮数差异过大时，则主干粗细不一，影响美观。或者只剥去已全部枯死或腐烂的棕皮。

8.2 落叶乔木的育苗技术

8.2.1 水杉 *Metasequoia glyptostroboides Hu et Cheng*

1. 生物学特性

水杉为杉科水杉属落叶乔木。原产我国湖北、四川等省，是珍贵的孑遗植物，于 1946 年发现，现已在我国南北各地及世界上 50 多个国家引种栽培。其树姿端正优美，叶色秀丽，在园林中常丛植、列植或孤植，也可成林栽植，是郊区、风景区绿化的重要树种。水杉为阳性树种，幼苗期也耐阴；喜温暖湿润气候，不耐干旱和水涝，但适应性较强；喜深厚肥沃的酸性土，也耐轻度盐碱；对二氧化硫、氯气、氯化氢等有毒气体的抗性较强；生长迅速，病虫害较少。

2. 播种育苗

育苗地选择排灌方便、土壤肥沃疏松的砂壤土，精细整地作床。水杉果实在 11 月采集，果实采回后先摊晒 1～2 d，使果鳞开裂，用木棒轻击球果，然后用筛子筛得种子。种子取出后，不能继续曝晒，摊晾不久即收起干藏，以免种子失水而丧失发芽力。

播种期在 3～4 月，采用条播法，每亩播种量 1～1.5 kg。由于种子细小，不易操作，可加入 10 倍左右的细土与种子拌匀后播种。播后盖一层细土或草木灰，以不见种子为度，然后盖草保墒，并视天气情况进行床面喷水，一般 10～20 d 出苗。

水杉播种苗生长缓慢，扎根也不深，除经常浇水外，最好在炎夏时适当遮荫，以免幼苗被灼伤。经常松土除草，6～8 月进行施肥，当年苗高可达 0.5～1 m。

3. 扦插育苗

水杉的扦插繁殖常以春季的硬枝扦插为普遍采用的方法，另外可在夏季进行嫩枝扦插，或在秋季用半嫩枝（尚未完全充实的当年生枝条）进行扦插。一般说来，供采取插穗的母树年龄以较年轻的为好，并且，从实生苗上采集的其效果大大高于从营养苗上采集的。各地经验证明，水杉插穗的生根能力随母树年龄的增高而递减，故在采取插穗时必须充分注意。

1）春插

春插时间在 3 月上中旬，插穗用硬枝，此时树液已开始流动，而芽苞尚未萌动，成活率最高。最好随剪、随插，也可在制成插穗后埋于湿沙中贮藏一段时间。插穗以 1 年生的枝条为好，2～3 年生枝条也可用，但效果较差，剪取插穗的枝条只要发育充实、冬芽饱满，其粗细无太大影响。插穗长度为 10～15 cm，用梢段的可长些。上下剪口均剪成平口。水杉的芽与枝条垂直，并常在脱落性枝痕的下方，不易识别插穗的倒顺向，故在剪取插穗后要放置整齐，不要搞乱，剪后立即捆扎，以便于扦插。

为提高扦插成活率，提早发根，扦插前可用 50～100 mg/kg 萘乙酸水溶液浸泡插穗基部(约 2 cm)20～24 h，然后取出用清水冲洗，再行扦插。扦插深度约为插穗长度的 3/5，并在插后灌透水一次。经 30～45 d，插穗冬芽开始萌动、抽叶，新梢伸长，但此时并未正式成活，因其基部根系尚未生成，故生产上称为“假活”，此时养护管理不能放松。约经 2～3 个月后，插穗基部才正式生根，应继续抓紧养护工作。

扦插的养护管理工作主要是水分供应要掌握好，水要勤浇，水量要小，保持湿润而又通气的环境，雨季要注意防涝，及时进行松土除草。3 个月后，开始进行追肥，肥料以稀薄粪水为主。

以往水杉扦插常进行遮荫，近年来，许多地区采用全光育苗，不遮荫，虽成活率低些，但苗木生长势好，发育健壮，并可节约大量人力、物力，在水杉插穗来源并不缺乏的情况下值得推广。

2）夏插

夏插时间在 5～6 月的雨季，采用尚未木质化的嫩枝。嫩枝扦插具有生根快、成活率高的特点。插穗在晴天清晨朝露未干时采集，选取长约 14～18 cm 的枝条，保留顶部以及上部 4～5 片羽叶，立即扦插。插穗入土约 4～6 cm，插后 20～30 d 即可发根。

夏插时必须搭棚架遮荫，日遮夜揭，每天浇水 3～5 次。8 月下旬以后逐渐缩短遮荫时间，9 月以后撤去荫棚，促进苗木木质化。

3）秋插

秋插时间在 9 月，插穗选用已形成冬芽的半木质化侧枝梢部。虽也属嫩枝，但由于木质化程度较高，冬芽已开始形成，受环境影响当年又不再萌发新枝，故对插穗生根较为有利，插后一般 30～40 d 生根，并使冬芽进一步发育和插穗木质化。冬季可适当覆盖，就地越冬，翌春萌芽后再移植于圃地进行培育。

夏、秋插的嫩枝和半嫩枝插穗在插前均可用 300～500 mg/kg 的萘乙酸溶液浸泡基部 3～5 s，以提高成活率。

8.2.2 银杏 *Ginkgo biloba L.*

1. 生物学特性

银杏为银杏科银杏属落叶乔木，又名白果树、佛指甲、鸭掌树、公孙树等。为我国特产的孑遗树种。分布广泛，在我国沈阳以南、广州以北都有分布。树姿雄伟壮丽，叶形奇特，适作行道树、庭荫树，自古以来即为我国优秀的绿化树种。银杏为阳性树种，不耐庇荫，苗期需适当庇荫；对气候条件的适应范围很广，耐寒性强(可耐－32℃低温)，也能适应高温多雨气候；

喜深厚、湿润、排水良好的土壤，较耐旱，不耐积水。银杏是深根性树种，抗风力强，但生长速度较慢。寿命长，可达千年以上。病虫害少。银杏雌雄异株，在园林绿化工作中应充分加以注意，特别是作行道树的，以选择雄株为宜。

2. 播种育苗

1）采种

种子应采自有数十年树龄的健壮母树，10～11 月种子自然成熟脱落后从地面拾取，集中堆于阴处约 4～5 d，使其外种皮腐软，将外种皮剥开，用水浸泡，并淘洗干净后摊晒2～3 h，即收起立即播种或贮藏，不能使种子过分干燥，以防止种仁发僵而降低发芽力。用于春播的种子可干藏或沙藏。每千克种子约 75～110 粒。

2）播种

大多数地区用随采随播的方法（即冬播），华北地区多用春播，春播前需混沙催芽。银杏种子种粒较大，常用点播法。先在床面上开播种沟，深约 4～5 cm，沟距 30～40 cm，将种子按 8～10 cm 的株距逐粒播放于沟内，应注意需将种子横放，便于幼苗出土。每亩播种量约 50 kg。播后覆土厚 3～4 cm，干旱地区再加覆稻草等保墒，幼苗出土后再将覆草移于行间。一般播后 40～50 d 开始萌芽出土。

3）苗期管理

由于银杏种子出苗较慢，在未出苗时，要防止土壤板结，以免出苗困难。可用浅锄法在土表松土，松土深度不超过 2 cm，不能伤及种子。出苗后，松土除草仍很重要，也要注意不能损伤幼苗，否则，易造成直接损失，可导致茎腐病菌的侵入。夏季高温季节要适时浇水降温，必要时还要遮荫，以免幼苗灼伤。加强肥水管理，并适量施入草木灰或硫酸亚铁等肥料，提高幼苗的抗病能力。

3. 其他育苗方法

用嫁接法可加速苗木生长，使其提早开花结果，在果树生产上经常采用，而园林生产上多不采用，特别不能将嫁接后的雌株用于行道树，其种子的外种皮腐烂后发臭，影响卫生。嫁接的方法常用高部位的皮下接，时间为 3～4 月。

有些地区利用银杏的萌蘖进行分蘖繁殖，方法简便，但繁殖量小，故不常用。

银杏也可在夏季进行扦插，由于成活率低，生产上应用较少。

8.2.3 枫香 *Liquidambar formosana Hance*

1. 生物学特性

枫香为金缕梅科枫香属落叶乔木。枫香原产我国，主要分布在长江流域及其以南，包括台湾在内的各省区。枫香树形高大美观，枝叶浓密，喜光，幼树略耐阴。喜温暖湿润气候。主根深扎，根系发达，喜深厚肥沃、湿润的酸性至中性土壤，在干旱瘠薄的土壤上也能生长，抗风，具较强的萌芽力和更新能力，耐火性能好，可作为防火树种。寿命较长，幼龄期生长较慢，10 年生以后速度加快，20～30 年生为速生高峰期，在适宜的立地条件下，20 年左右即可成材。

2. 播种育苗

1）采种

选 15～40 年生的健壮母树，当球果变成淡黄色时，即可将球果采下，堆放三四天后，再放在阳光下曝晒，经常翻动。到蒴果开裂时敲出种子，清除杂质，在通风干燥处袋藏。出籽率 1%左右，千粒重 4.3～6.2 g，每 500 g 种子 8 万～12 万粒。发芽率 30%左右。

2）播种

枫香种子细小，应选择土质疏松的轻壤土为圃地，精细整地，施足基肥。窄床（宽 1 m）条播或撒播，撒播的每亩播种 4 kg，条播的 1～1.5 kg。条播行距 25 cm，播幅宽 12 cm，播后薄撒细土覆盖，以不露种子为度，再盖草以保持床面湿润。一般于 3 月上旬播种的种子，约 20 d 开始发芽出土，40 d 左右出齐。当 70%的幼苗出土时，在傍晚或阴天揭除盖草。

3）苗期管理

幼苗出土后约 15～20 d 展叶，伸出侧根，进入营养生长。一般在 5 月底前为苗木生长初期，此期幼苗生长缓慢。此阶段的主要管理措施是移栽或间苗补稀。撒播苗选阴雨天进行带土移栽，单行移栽株行距 24 cm×8 cm，双行移栽则株行距 28 cm×8 cm×8 cm；条播的在此时进行间苗补稀，使苗木分布均匀，生长整齐。苗木移栽后，应浇薄粪水定根，同时注意做好除草和排涝工作，预防根腐。

自 6 月初至 8 月底，幼苗生长明显加速，进入生长盛期。此期，应结合松土除草，每隔半月追施化肥一次，每次 3～5 kg。晴天圃地干燥时清水稀释 200 倍浇施，施后再用清水淋苗，将苗叶上的肥液洗净；雨后地湿时则开沟干施。如遇连续干旱，在有灌溉条件的圃地，应及时在晚上进行侧方沟灌，以缓和及解除干旱给苗木带来的暂时生长缓慢的现象。

9 月初苗木进入生长后期，应终止水肥管理。一般在 9 月下旬苗木停止高生长，但如雨水充沛可推延到 10 月上旬，而径生长能继续至 10 月上中旬结束。10 月中下旬叶变色，12 月叶脱落。全年有效生长发育期在 200 d 左右。一般 1 年生播种苗高 50～80 cm，地径 0.6～0.9 cm，亩产苗 3 万株。当年冬季即可用于造林。

8.2.4 七叶树 *Aesculus chinensis Bunge*

1. 生物学特性

七叶树，别名天师栗、娑罗树，七叶树科，七叶树属，落叶乔木。七叶树为温带及亚热带树种，原产黄河流域，陕西、河南、山西、河北、江苏、浙江等省多有栽培。树干挺直，树冠开阔，叶形美丽，是重要的观赏和药用树种，经济价值较高。

深根性，喜光，稍耐阴，怕烈日照射。喜冬季温和、夏季凉爽湿润气候，但能耐寒，喜肥沃湿润及排水良好之土壤。适生能力较弱，在瘠薄及积水地上生长不良，酷暑烈日下易遭日灼危害。在条件适宜地区生长较快，但幼龄植株生长缓慢，一般 4～6 年生播种苗高只 3 m 左右。6～8 年生后生长加速，25～30 年生后生长缓慢，部分植株出现枯梢。寿命较长。

2. 播种育苗

1）采种

选 15～30 年生的生长健壮、无病虫害、果实高产稳产的七叶树为母树。9 月下旬果熟时敲落后地面拾取，阴干，去果壳。立即播种或沙藏阴凉处，并经常检查，以防霉烂。出种率 50%～60%，千粒重 12 000～16 000 g，每千克种子 60～80 粒。发芽率 50%～70%。

2）播种及苗期管理

以播种繁殖、随采随播为主。于 2～3 月间点播。株行距 12～13 cm，每亩播种量 300 kg。播时种脐向下，覆土厚度 3～4 cm，出苗前切勿灌水，以免表土板结。

一般春播苗于 4 月初出苗，初期高生长十分迅速，其中 4 月份高生长量占全年的 70%，5 月份以后高生长锐减，7 月份终止高生长，而径生长可延续至 8 月底 9 月初，至 9 月下旬叶变色，11 月上旬落叶。全年苗木高生长期约 100 d，径生长期 140 d。幼苗喜湿润，怕烈日照射，要加强苗木前期管理，高温干旱期应适当遮荫，灌溉。一般当年播种苗高 30～50 cm，根径 0.8～1.2 cm，亩产苗约 1 万株，可出圃栽植。作行道树，一般要用 4～6 年生、高 3 m 左右的移植苗，移植后株行距 30 cm×50 cm，亩产苗约 3 000 株。

另外，可用根插及嫩枝扦播法繁育苗木。

8.2.5 玉兰 *Magnolia denudata Desr.*

1. 生物学特性

玉兰为木兰科木兰属落叶乔木。又名白玉兰、望春花。花大而洁白、芳香，是著名的早春花木。性喜光、稍耐阴、颇耐寒，喜肥沃、湿润而排水良好的土壤，pH 值 5～8 的土壤均能生长；根肉质，忌积水，不耐移植。

2. 播种育苗

播种育苗多在育种科研方面使用，生产上很少应用。育苗时，在 9 月下旬至 10 月上旬采种，因外种皮含油质易霉坏，故宜采后即播，或采种后堆放数日（后熟），日晒脱粒，用草木灰擦洗除去外种皮，阴干后，层积贮藏至翌春播种。采用排水方便的高床或低床，播后覆草，幼苗出土后要稍遮荫。

3. 压条育苗

有低压法、高压法两种。低压法是：先培养母树呈灌木状，早春在母树的附近地面挖 8～10 cm 的深沟，将枝条弯曲到沟底，并用木钩固定在土壤中，使枝条的顶端露出地面，然后盖上肥沃的土壤，踏实浇水，经常抚育管理，经 1～2 年可生根与母株分离成苗。高压法是：在枝条不易弯曲入地的母树上，在生长期选择 1 年生的枝条，进行环状剥皮（宽 1～1.5 cm），外用苔藓裹住，然后包塑料薄膜。注意适时浇水，待生根后在下端剪断，即成一株新苗。

4. 嫁接育苗

通常用木兰作砧木。用切接法或方块形芽接法。一般在秋分前后（即 9 月中旬至 10 月上旬）用切接法；在立秋后（8 月上中旬）用方块形芽接，接活后，以休眠芽越冬，翌春将砧木剪除留桩，便于新梢向上生长。切接法的具体做法是：选砧木茎粗 1.5～2 cm，在离地面 3～

4 cm 处剪去地上部分；接穗选 1～2 年生枝条，截成 10 cm 左右长，带 1～2 个芽，接穗切口下刀处最好离芽 1～2 cm。接后用较潮湿的土，将接穗与砧木埋土过冬，翌年 3 月中下旬接穗萌芽抽枝时将接穗上的土除去。为防止接穗被风折断，可缚一立柱保护。管理得好，当年可高达 60～100 cm。玉兰不耐移植，更不宜在晚秋或冬季移植，一般在春季开花前或花谢后而刚展叶时进行移植。移植时，中小苗带宿土，大苗需带土球。在培育中应做好修枝、抹芽等工作，培育成有主干、分枝均匀的树形，经 2～3 年可开花。

春季可进行靠接，其成活率较高，但生长势不如切接旺盛。

8.2.6 榉树 *Zelkova schneideriana Hand. Mazz.*

1. 生物学特性

榉树为榆科榉属落叶乔木，树干通直，是珍贵的硬阔叶用材树种。主要分布在淮河、秦岭以南各省区，以浙江、江苏、安徽、湖北、湖南较多。

中等喜光树种，喜温暖气候。根系发达，具深根性，要求深厚肥沃湿润的微酸性至微碱性的壤土，在瘠薄干旱的土壤上生长不良。抗风能力强，耐烟尘，能适应城市环境。寿命长，初期生长稍慢，六七年后生长较快，生长势可保持 70～80 年。

2. 播种育苗

1）采种

秋季种子成熟后，去杂阴干；沙藏或干藏，翌春播种。

2）播种

榉树在微酸性、中性及石灰质冲积土中均可育苗，但对土壤肥力要求较高，在干燥平瘠的圃地难以培育壮苗，应选择富有腐殖质的深厚肥沃的砂壤土，深翻细整，施足基肥。秋播或春播，春播应尽量争取在早春完成，如果延误季节，土温升高，会使种子在当年仅有一部分发芽，甚至全部不发芽，应予注意。干藏种子春播前需进行处理，浸水 1～2 d 后，除去上浮瘪粒，给予 2 周左右的 5～10℃低温处理，可起促进发芽的作用。条播行距 20 cm，覆土厚度约 0.5 cm，播后覆盖草，保持苗床土壤湿润。播种量每亩 10 kg 左右，由于各年种子的发芽率不稳定，一般大年所产的种子，发芽率可达 50%～70%，小年种子发芽率仅有 20%～30%，故播种量应根据种子质量适当增减。

3）苗期管理

播种后约 20～30 d 出苗，播种后及种子发芽出土时要注意防止鸟害。苗高 10 cm 左右时，常出现顶部分叉现象，应及时修整。当幼苗长出 2～3 片真叶时进行间苗，苗高 6～10 cm时定苗，每米长播种行留苗 15～20 株，结合间苗进行移栽补缺。苗木在 7～9 月间生长旺盛，应加强抚育管理，注意防止虫害。苗木主根明显，根细长而韧，起苗时可先将四周苗根切断，然后挖取，以免撕破根皮。

1 年生苗高 50～70 cm，每亩产苗 1.5 万～2 万株。一般当年即可出圃造林。大苗移植的成活率很高，供四旁绿化时可培育 3～4 年生苗木出栽。由于榉树的发枝力强，顶芽常不萌发，造成梢部弯曲，在培育大苗的过程中要适时修剪侧枝，以培育成通直的主干。

8.2.7 鹅掌楸 *Liriodendron chinense Sarg*.

1. 生物学特性

鹅掌楸又名马褂木。木兰科，鹅掌楸属，落叶乔木。树干端直高大，生长迅速，材质优良，寿命长，适应性强，叶形奇特，树姿雄伟，少病虫危害，是优美的庭园和行道树绿化种，也是良好的用材树种。

鹅掌楸喜光，能耐半阴，在全阳光下也能正常生长，怕西晒。喜暖凉湿润气候和深厚、肥沃、排水良好的微酸性砂壤土；具有一定的耐寒性，能耐－15℃的低温。根系发达、肉质，不耐水湿，亦不耐干旱。

2. 播种育苗

1）采种及种子处理

采种于10月下旬聚合果呈褐色时进行，采回后在室内摊放阴干7 d左右，再摊晒2～3 d，用木棒轻敲，筛取带翅小坚果，袋装干藏。翌年3月中下旬播种。播前1星期用冷水浸种，每天换水，播时用竹匾搓去部分小翅，以免播后覆土不严。

2）播种

选择具灌溉设施的砂质壤土播种，施足基肥，土壤消毒后整地筑床。条播，行距25 cm左右。每亩播种量为25～30 kg。播后覆土宜薄，以不见种子为度，略镇压后盖草。

3）苗期管理

播后要经常浇水，保持苗床湿润，苗床干燥则出苗稀少。春播后约1个月发芽出土，揭草后要及时除草松土，酌施追肥，注意灌溉排水。幼苗极少有病虫危害，一般不需遮荫。苗高4～5 cm时进行间苗，每米长播种行留苗20～25株，7～8月苗木生长旺盛期适当追肥，夏秋高温干旱时要加强抗旱，勿使苗木停滞生长。1年生苗高约30～40 cm，具明显的直根而侧根不发达，需移植或留床再培育1年后出圃。根部肉质，含水分较多，起苗后要防止过度失水。供行道树栽植的要经过两次移植，用高约3 m的4～5年生大苗。

3. 扦插育苗

扦插一年可进行2次。第一次于3月中旬，剪取去年生枝条进行硬枝扦插。第二次于春末夏初，选择健壮母树采集当年生枝条进行嫩枝扦插。每一插穗保留3～4个叶芽，插条长约15～20 cm，插前用萘乙酸处理，扦插深度为插穗长度的1/2～2/3，插后加强水分管理。

8.2.8 栾树 *Koelreuteria paniculata Laxm*.

1. 生物学特性

栾树别名灯笼树，为无患子科，栾树属，落叶乔木。原产我国北部及中部，多分布于低山区和平原。栾树为阳性树种，喜光，能耐半阴。耐寒。具深根性，产生萌蘖的能力强。耐干旱、瘠薄，但在深厚、湿润的土壤上生长最为适宜。能耐短期积水，对烟尘有较强的抗性。

2. 播种育苗

1）采种及种子处理

种子 10～11 月成熟，采种要掌握好时机，采得过早，种子发芽率低；过晚，种子已经脱落，不易采集。种子有隔年发芽的习性，所以应进行沙藏，来年 3 月取出种子进行温水催芽，则出苗整齐。

2）播种

播种苗床应选择土层深厚、排水良好、灌溉方便的微酸至微碱性土壤，施足基肥，精细整地。播种期以 3 月份为宜，播种前需进行浸种催芽，可用 70℃左右的温水浸种，种子发芽率一般为 70%以上，且出苗整齐；也可用湿沙层积催芽。大量育苗时多采用垄播。

3）苗期管理

种子发芽出土后，要加强养护，苗高 5～10 cm 时可间苗一次，以 10 m^2 留亩 100 株左右为宜，要注意中耕除草，适时追肥，促使苗木旺盛生长。1 年生的小苗，来年春季可进行移植养护，培育 3～4 年，养成大苗后出圃使用。

8.3 常绿花灌木的育苗技术

8.3.1 夹竹桃 *Nerium oleander Linn.*

1. 生物学特性

夹竹桃是夹竹桃科夹竹桃属常绿灌木或小乔木，别名柳叶桃、红花夹叶桃、半年红等。原产印度、伊朗和阿富汗，我国各地广泛栽培。夹竹桃是枝、叶、花均可观赏的花木，夏日枝叶浓绿，花色鲜艳，花期长，常植于公园、草地、庭院等处。盆栽观赏更相宜，也可作切花。另外，夹竹桃还耐烟尘、抗污染，是工矿区绿化的抗污树种。性喜温暖，有一定耐寒力，在暖温地区可露地越冬，如北京可于庭院的背风向阳处越冬。喜充足的阳光，稍耐阴。耐干旱，忌水涝，对床土的肥力和酸碱度要求不高。

2. 扦插育苗

春季进行硬枝扦插。选取径 1～1.5 cm、长 15～20 cm 的粗壮枝条（可利用萌蘖枝条）作插穗，数十根捆扎在一起，将其下部 1/3 处浸入水中 10 d 左右，应勤换水。当浸水部位变白、顶端发粘时取出，插入苗床内，一般 15～20 d 左右即可生根。此法生根快，成活率高。

也可进行水插。将插穗下部置于 20℃水中，并常换水，浸 30～40 d 生根。生根后移于苗床内培育，并适当遮荫。

3. 压条育苗

夹竹桃压条繁殖也容易成活，用普通压条法，一般在雨季进行。为了促进生根，压条前可将接近地面的枝条进行刻伤，再压入土中，约经 45～50 d 即可生根，生根后与母株剪离另栽。

8.3.2 桂花 *Osmanthus fragrans Lour*.

1. 生物学特性

桂花是木犀科木犀属常绿灌木或小乔木，别名岩桂、木犀、九里香等。原产中国西南及中部，全国均有栽培。桂花栽培历史悠久，是我国人民喜爱的传统园林花木，也是我国十大名花之一。桂花叶常绿繁茂，秋季开放正值中秋，花香四溢，是南方重要的园林观赏树种，常被植于花园、庭院、草坪及道路两侧。在北方作盆栽观赏。性喜温暖和通风良好的环境，有一定耐寒力，冬天成株耐寒力接近极端－20℃，其苗木耐寒力稍差。虽成株喜强光，但苗木要有一定遮荫。忌涝，怕旱。要求湿润和排水良好的微酸性床土，适宜 pH 值5.5～6.5。

2. 扦插育苗

多采用嫩枝扦插，6 月中旬至 8 月下旬进行。选取树冠外围当年生半木质化枝条作插穗，粗度 0.3～0.5 cm，长度 8～10 cm，插入床土 2/3，株距 3～4 cm，行距 15～20 cm，扦插后及时喷水和设荫棚。通常设双重荫棚，先搭一个高 2 m 左右的高架棚，棚顶和四周盖上或挂上遮荫帘，保持空气相对湿度 85%～95%。待插穗产生愈伤组织，并陆续发出新根后，撤去高架棚上的遮荫帘，农膜覆土保湿过冬。第二年春季，在新芽萌发之前移植到田间苗圃培养大苗，或直接上盆继续培养。

3. 压条育苗

压条一般用地面压条（低压法）和高枝压条（高压法）两种。

1）低压法

选用健壮、低分枝或丛生状母树，在春初将其下部 1～2 年生的枝条，选其一部分，以肥土压之。或压入已挖好的沟内，沟的深浅根据枝条粗细而定，再用土覆平沟深。当年即生根，翌年 2～3 月与母株分离。

2）高压法

对珍贵树种常用此法。此法费工，繁殖数量有限。春季萌动前选择强壮母株，在 1～2 年生枝上进行环状剥皮，宽约 1 cm，割伤处用砂质壤土或草炭土或山泥外敷，然后敷以湿润的苔藓等物，用稻草、麻等捆紧，浇水后最外层用塑料薄膜包上。经常保持湿润，适时浇水，秋后可与母株分离而成新植株。

4. 嫁接育苗

砧木最好用桂花实生苗，也可用小叶女贞、女贞、白蜡等。采用靠接或切接。

1）切接

在早春萌芽前，自地面向上 10 cm 处，将砧木剪断，然后进行切接。为提高砧木与接穗的亲和力，嫁接口宜低，以便定植时使接口埋入土中，促使地下接穗部分长出根系。

2）靠接

繁殖盆栽桂花时，多在夏至到入伏之前进行靠接繁殖。

8.3.3 山茶 *Camellia japonica Linn*.

1. 生物学特性

山茶是山茶科山茶属常绿灌木或小乔木,别名山茶花、曼罗树、晚山茶、川山茶、耐冬等。原产中国和日本。我国江南各省,尤其是云南、浙江、福建等省栽培最盛,北方则温室盆栽。山茶是我国的传统名花,花大色美,花期长,叶片亮绿,树冠多姿,因此被广泛用于公园绿地、自然风景区和名胜古迹地点。也常用于庭园小片群植或与其他树种配置。矮生型品种也常作盆栽。山茶对二氧化硫有毒气体有明显抗性,故适用于工厂区绿化。其生长最适温度为18～25℃,抗寒力因品种而异,一般可耐－10℃低温而无冻害。喜半阴的散射光,忌曝晒。喜疏松、肥沃、排水良好的微酸性砂壤土,不耐碱性土。适宜 pH 值5.5～6.5,忌渍水。要求空气湿润,忌干燥。

2. 扦插育苗

扦插多在春末和夏季进行。选取树冠外围组织充实、芽饱满、无病虫害的当年生半木质化新梢作插穗,插穗长度 5～10 cm,先端保留 2 片小叶,基部带踵,扎成小捆,将插穗基部2～3 cm浸入 50～100 mg/L 的吲哚丁酸溶液或 100～200 mg/L 的萘乙酸溶液中浸泡8～12 h,然后扦插。

扦插密度视品种叶片大小而定,株距 4～5 cm,行距 10～15 cm,要求叶片相互交接不重叠,插入床土 3 cm 左右深即可,浅插有利于生根。插后及时喷水遮荫,以防阳光直射,保持85%～95%空气相对湿度,温度 25～30℃。为了扦插前期有效地保持较高的空气湿度和适宜的气温,插床需扣塑料拱棚保湿,并在棚上覆盖帘子,喷水降温。一般插后 30～40 d,插穗产生新根,此时要逐渐减少遮荫并增加光照,并撤去塑料,加速苗木营养生长。随后带土球移栽上盆,转到室内越冬管理。

也可用嫩枝直接盆插,放置塑料拱棚内,遮荫、喷水,保持 25～28℃气温和 90%左右空气相对湿度,于 11 月将盆苗移至室内越冬管理。北方盆插山茶花,要求先在素沙、珍株岩、蛭石等基质中扦插生根,然后盆土换成壤土和松针土,经常追施硫酸业铁稀薄肥水,以中和土壤碱性,保持微酸性。

3. 压条育苗

采用高枝压条成活率较高,4 个月后剪离母体。

4. 嫁接育苗

对一些不易生根的优良品种采用嫁接繁殖,一般多采用靠接法。选择单瓣的山茶花实生苗作砧木,以复瓣山茶为接穗,于清明前后,将切口对合扎紧,注意保持盆苗水分充足,待翌年早春剪离母本。

5. 播种育苗

播种繁殖多为供优良品种嫁接时作砧木用,故播种多用单瓣品种。秋季种子成熟后最好即刻播种，或用湿沙贮藏至翌年春季播种。一般秋播比春播发芽率高。或作床播种，或播于盆、箱中，撒播或条播均可。播种覆土厚度 2～3 cm，经 4～6 周陆续发芽。幼苗期应适当遮荫，但早晚应使之见光，1 年生苗高可达 10 cm，翌春进行移植。

8.3.4 栀子花 *Gardenia jasminoides Ellis*

1. 生物学特性

栀子花是茜草科栀子属常绿灌木，别名栀子、黄栀子、山栀、白蟾花。原产中国长江流域，在中国中部和南部都有分布。栀子花是人们喜爱的观叶闻香花木。其叶色亮绿，四季常青，花大洁白，芳香馥郁，并具抗有毒气体的能力，故为良好的绿化、美化和香化的材料。可成片丛植或配置于林缘、庭前、院隅、路旁。植作花篱也极相宜。作阳台绿化、盆花、切花或盆景都相宜，还可用于街道和厂矿绿化。性喜光也能耐阴，忌强光直晒。喜温暖湿润气候，要求空气相对湿度 70%以上，耐热不耐寒，长江以北地区不能露地越冬。喜肥沃、疏松而排水良好的酸性土壤，适宜 pH 值5～6。

2. 扦插育苗

春秋季采用 1 年生成熟硬枝扦插，南方梅雨季节采用嫩枝扦插，或在盛夏进行水插均能收到良好效果。

1）硬枝扦插

北方扦插可在 4 月和 10 月两次进行。剪取插穗长 10 cm，每段带上 2～3 枚叶片，并将叶片剪掉 2/3，插入河沙和草炭的混合基质中，然后放在荫棚下养护，只要经常喷水保湿，极易生根成活。

2）水插

栀子的繁殖，采用水插效果更好，4～7 月间进行。剪下插穗仅保留顶端的 2 个叶片和顶芽，插在有清水的容器中，要经常换水，以免切口腐烂，10～15 d 即可生根。

3. 压条育苗

压条繁殖在 4 月份气温已经升高、树液开始流动时进行。在成年树上选取 2～3 年生的健壮枝条压入土中，约经 30 d 生根。到 6 月中下旬与母株切离，带土定植。

8.3.5 含笑 *Michelia figo (Lour.) Spreng.*

1. 生物学特性

含笑是木兰科含笑属常绿灌木或小乔木，别名含笑梅、山节子、香蕉花等。原产中国广东、福建与亚热带地区，现全国都有栽培。含笑是著名的芳香观赏花木。其花香叶绿，适于室内盆栽，南方栽植庭院观赏。性喜温暖、半阴环境，不耐烈日曝晒。有一定耐寒力，但北方需在温室越冬。不耐干旱、瘠薄，怕涝，喜肥沃、疏松和排水良好的微酸性壤土。

2. 扦插育苗

在我国长江以南地区除冬季和夏季高温期外均可扦插，但以 6 月开花后进行嫩枝扦插的效果最好。选取当年生半木质化新梢，剪成 8～10 cm 长插穗，保留顶部 1～2 片叶。插穗基部用 100 mg/L 的萘乙酸溶液浸泡 8 h，插深为插穗长度的 2/3。基质用沙或草炭土等。插后扣塑料拱棚，在棚上方设帘遮荫。扦插后经常喷水，保持棚内空气相对湿度在 80%～90%，温度 25～30℃，1 个多月后生根。在沙中扦插的苗生根后应及时移植。

3. 压条育苗

5 月上旬进行高枝压条，7 月上旬即可发根，9 月上旬可剪离母体另栽。

将 1～2 年生健壮枝条的被压处进行切割，用力刻伤皮层或剥去 0.3 cm 宽的一圈皮层，然后压入容器内的土中。近年来国内外多采用塑料袋进行高压，将塑料袋捆于被压枝条的割伤部位，内装苔藓或土壤等物，灌水后用绳捆紧，以代替过去常用的花盆、竹筒等物。此法不仅轻便，而且可以较长时间保持水分，从而取得良好效果。为防止因阳光曝晒使土温过高，塑料袋南侧可用其他物品遮荫。

4. 播种育苗

种子成熟后进行采收，然后混湿沙按 1∶3 进行沙藏。翌春将沙藏的种子取出，置于背风向阳处晾晒，翻动，经常保湿，待种子裂口后，播入大花盆里。当幼苗长出 4 片真叶时带土移入小花盆内培养。如大苗移植应加强修剪。

8.3.6 南天竹 *Nandina domestica Thunb.*

1. 生物学特性

南天竹为小檗科南天竹属常绿灌木，别名天竺、兰竹等。原产中国和日本。南天竹复叶青翠，幼时略带红晕，夏开白花，花序硕大，入冬红果累累，经久不落，是园林中不可缺少的佳品，在北方盆栽供室内观赏。特别是春节前后，其剪切的果序是市场的热销商品，瓶插案头，满室生辉。性喜温暖湿润的疏荫环境，在阳光下亦能生长。能短期忍受－5℃的低温。喜床土疏松肥沃，要求床土湿润。

2. 扦插育苗

插穗利用 1～2 年生枝条的顶梢，长 15～20 cm。春季及雨季均可进行，都需要适当遮荫，并经常喷雾，保持基质湿润。

3. 播种育苗

果实红熟后可随采随播，亦可层积沙藏至翌春气温升高后再播。在北方地区因苗木不能露地越冬，应盆播后置高温温室待其发芽，一般播后 3 个月才能发芽。幼苗生长缓慢，需适当遮荫，第一年高约 5 cm，3～4 年后高达 50 cm 以上时，有望孕蕾开花。

8.3.7 八仙花 *Hydrangea macrophylla* (*Thunb.*) *Seringe*

1. 生物学特性

八仙花是虎耳草科八仙花属常绿灌木，别名绣球花、紫阳花等。原产中国秦岭以南及长江流域，现各地园林均有栽培。八仙花是名贵的观赏花木。其花型硕大，花团锦簇，花期长，花色多变，又耐阴，故在暖地可配置于林下、路缘、棚架边及建筑物的北面。盆栽时可作为大型盆花在厅堂陈设。其生长适温约 18～30℃，在北方母株应在低温温室休眠越冬，以利翌年抽生枝条和花芽分化。忌夏季强光直射，花芽形成约需 6 周左右，每天光照时数不超过 14 h。喜空气和床土湿润，要求床土疏松肥沃。

2. 扦插育苗

初夏采用嫩枝扦插很易生根。取当年生半木质化带叶嫩枝条，剪成长 10～15 cm 的插穗，保留顶部 2～3 片，各剪去 1/3～1/2 叶片，中下部叶片疏除，插入河沙或蛭石基质中。插后要遮荫并喷水保湿，20 d 左右即可生根。扦插生根后应立即移植并逐渐减少遮荫，以加速生长。翌春移植苗圃或上盆。

3. 压条育苗

采用堆土压条法，即直立压条法。于冬季先将母株老枝于地际处剪断。待春季萌发新枝长至 30～40 cm 时，在新生枝条上刻伤或环状剥皮，并在其周围埋住茎部，使其生根。这样萌发的新枝均可形成自己的新根系。最后将它们切开而成为新植株。

8.4 落叶花灌木育苗技术

8.4.1 梅花 *Prunus mume Sieb. et Zucc.*

1. 生物学特性

梅花是蔷薇科李属落叶大灌木或小乔木，别名梅、干枝梅、春梅、红梅等。原产中国江南一带，西南和西藏也有分布。以武汉、杭州、成都等地栽培最盛。梅的栽培历史悠久，是我国传统的果树和名花，自古以来深受人们的喜爱，为我国十大名花之一。其树姿古朴，花色素雅，花态秀丽，果实累累。在园林中可采用孤植、丛植、群植、林植等多种种植方式，最宜植于庭院、草坪、低山丘陵。传统的松、竹、梅为“岁寒三友”配置成景，又可盆栽观赏，或作切花用。梅花要求阳光充足、通风良好的环境。喜温暖湿润气候，忌风口。有一定的耐寒力，一般梅类不能抵抗－15℃～－20℃以下的低温，但杏梅系、樱李梅系等可耐－20℃～－30℃低温。对土壤要求不严，在微酸 、微碱的土壤中也能正常生长，较耐瘠薄，梅苗较耐旱，怕水涝。

2. 嫁接育苗

生产上常采用杏、山杏和梅的实生苗作砧木。嫁接时期可在春季，也可在秋季。春季嫁接通常采用切接、腹接、靠接等枝接法。秋季嫁接一般为不带木质部的盾形芽接法，以 7～8 月能离皮时最适宜，接后接芽能愈合成活，但当年不能萌发。

3. 播种育苗

果实在夏季成熟后即采收，然后在室内平摊，使其通过后熟阶段，立秋后再除去果皮、果肉，洗净晒干后可立即秋播，或者将种子沙藏越冬，翌年春播。

梅宜采用高垄点播。一般垄高 20～30 cm，垄距 60～70 cm，垄背宽 20～30 cm，垄长 20～30 m，最长不超 50 m(垄过长不便灌水)。播种前灌足底水，播种时在垄上开 2～3 cm 深的浅沟，按穴距 10～15 cm 进行点播，每穴播 1～2 粒种子，播后覆土厚度 3～4 cm，再行镇压。

幼苗出土后，适时松土、除草、灌水。每次灌水量不宜过大，既能使垄背土壤吸湿又不板结为好，以利幼苗出土和生长。实生苗 3～4 年开始开花结实。

8.4.2 榆叶梅 *Prunus triloba Lindl.*

1. 生物学特性

榆叶梅是蔷薇科李属的落叶灌木，别名小桃红、鸾枝等。原产中国华北，现各地均有栽培。

榆叶梅常植于建筑物前、路边、草坪等处。因花期繁花似锦，可与早春开花的迎春、连翘相间栽植，使黄花、红花搭配，也可作行道树的灌木搭配相间栽植，性喜光，不耐阴。耐寒性强，在北方寒地的大部分地区均能露地越冬。对土壤要求不严，耐干旱，在沙土、粘土及微酸性土中均能生长，在轻碱土中也能适应，但在肥沃的砂质壤土中生长更好，怕水涝。根系发达，生长快，病虫害少，抗污染能力强。

2. 嫁接育苗

园林中常用重瓣榆叶梅，而重瓣榆叶梅中有些优良品种不结实，或很少结实，扦插生根又有一定困难，繁殖率较低，因此只能用嫁接法繁殖育苗。

砧木通常采用山桃、杏或实生榆叶梅(单瓣种)。嫁接方法用芽接或枝接均可。芽接在 7～8 月采用“T”形盾形芽片嫁接，以立秋前后的成活率最好。如要培养成乔木状单干观赏树，可用芽接法在山桃树上进行高接，成活后截去接口以上桃枝和接口下桃枝，可部分换种，也可整株换种。枝接在春季萌芽前采用切接、腹接、劈接等嫁接方法进行。

3. 分株育苗

榆叶梅根系发达，生长快，可采用分株繁殖获得栽植苗木，在春、秋两季均可进行分株。

4. 播种育苗

单瓣或重瓣品种均可采用种子繁殖。于 7～8 月间果实由绿色变为红色时即可采种，用清水浸泡，除去果肉后，混 2～3 倍湿沙进行露地沙藏越冬。翌年春季将混沙种子取出，置于背风向阳处保温催芽，当种子裂嘴时即可播种。

播种时可床作或垄作。床作，按 25～30 cm 小行距开小沟条播，每平方米用种量 100 g 左右，可产 6～8 株苗木，当年苗高可达 1 m 左右。垄作，垄距 50～70 cm，小垄单行、大垄双行(小行距 25～30 cm)点播，每穴播 2～3 粒种子，穴距 10～15 cm，秋后即可出圃。

8.4.3 月季 *Rosa chinensis Jacq.*

1. 生物学特性

月季是蔷薇科蔷薇属落叶或半常绿灌木，别名月季花、长春花、月月红、四季蔷薇等。原产中国华中及西南地区，以中国所产原种与西欧、东欧以及西亚等地所产的蔷薇属植物反复杂交，育成了品种繁多的现代月季，遍布于世界各地，我国南北各地也普遍栽培。

月季栽培历史悠久，品种繁多，花色鲜艳，花期长，在园林装饰中用途很广，是我国传统名花之一。宜植于花坛或花境，又可供盆栽及切花，在小型庭院里可自然配置，在大型园林中可形成专类园。性喜光，对日照长短无严格要求。喜温暖，大多数品种白天生长适温15～26℃，夜温 10～15℃。对土壤要求不高，但喜中性和排水良好的沙壤土和粘壤土，在沙土和酸性土中生长不良，适宜 pH 值6～7。喜肥。较耐寒，我国北方大部分地区仍需防寒才能安全越冬。

2. 扦插育苗

1) 硬枝扦插

结合冬季修剪收集健壮的 1 年生成熟枝条作插穗，经沙藏后翌春扦插，或秋冬扦插。秋冬扦插通常在我国东南沿海、云南和长江中下游以南冬季气温在 10℃以上地区进行，其他地区需在保护地内进行。

春季扦插，一般选择砂壤土、轻粘壤土作床。床宽 80～100 cm，床高 15～20 cm，床长 20 m 左右。床面先喷拉索等除草剂，然后按(8～10)cm×(15～20)cm 株行距进行扦插。插穗长 10～20 cm，扦插深度为插穗长度的 2/3。扦插后经常喷水保湿，是保证插穗生根成活的关键措施。

对不易生根的品种，需进行催根处理。

采穗母株要环剥，以利采穗枝条增加营养积累，使枝芽充实饱满。通常于 6～8 月生长旺季，在枝条基部第 3～4 节叶基下进行 3 mm 宽的环状剥皮，2～3 周后环剥口愈合，即可在环剥口以上剪下作插穗，扦插后 2 周即可生根。

采集带踵插穗。即在 1 年生枝下剪下一小段 2 年生枝，这段 2 年生枝称为“踵”，因“踵”贮藏营养较多，可供插穗生根之用，这样的插穗扦插后容易生根和成活。

插穗生长素处理。通常采用浓度为 50 mg/L 的吲哚丁酸溶液浸泡插穗基部 8～12 h，然后扦插，可加速生根。

2) 嫩枝扦插

在 5～8 月进行嫩枝扦插。采用保水、保温、通气、排水性能良好的蛭石、珍珠岩、炉渣等作扦插基质，也可采用沙土、砻糠灰作扦插基质。选择当年生长充实、腋芽饱满、半木质化的新梢作插穗，插穗长 10～15 cm，保留顶端 2～3 片小叶，扦插深度为插穗长度的 1/2 左右，插后浇透水，上覆塑料拱棚，保持棚内温度在 28℃左右，空气相对湿度在 90%左右。夏季高温期进行半遮荫。生根后逐渐撤去塑料，减少遮荫，锻炼几天后移栽或上盆。在有自动喷雾装置条件下扦插，20 d 左右插穗即可生根。

3. 嫁接育苗

对扦插生根困难的优良月季品种，常通过嫁接繁殖育苗。一般用枝接和芽接均可。

1）枝接

采用野蔷薇、刺玫等作砧木，进行切接、靠接等。

2）芽接

用上述同样砧木，采用“T”形盾形芽片芽接、方块形芽片芽接等方法。

4. 播种育苗

播种育苗只在培育杂交新品种实生苗和大量繁殖实生砧木苗时采用。将采集的种子通过沙藏越冬后，翌年春天在苗圃苗床上撒播或条播，或在温室播种，待苗高达 10 cm 左右时进行移栽或上盆。

如果在短期内要繁殖大量特定品种苗木时，可进行组织培养育苗。

8.4.4 贴梗海棠 *Chaenomeles speciosa*（Sweet）Nakai

1. 生物学特性

贴梗海棠是蔷薇科木瓜属落叶灌木，别名贴梗木瓜、木瓜花、铁脚海棠等。原产中国中部。现在我国南北各地均有栽培，国外也广为引种。

贴梗海棠在我国园林中广泛应用，是重要的观赏花灌木。早春开花，簇生枝间，鲜艳美丽。秋天又有黄色的芳香硕果。常在草坪、庭院、花坛内丛植或孤植。又可作绿篱、盆栽和切花的好材料。性喜光，有一定的耐寒力，北京地区为露地栽培的最北界。对土壤要求不严，酸性土、中性土均能适应，也能耐轻度盐碱和干旱，忌水涝，在土层深厚、肥沃的土壤中生长良好。

2. 扦插育苗

贴梗海棠枝条极易生根，故育苗生产中以扦插繁殖为主。

春季进行硬枝扦插，选用 1 年生枝作插穗，插穗长约 12～18 cm，剪去枝刺。温室床插、盆插或大田直接扦插均可。插壤要求疏松、通透性良好，插入土壤深度为穗长的 1/2～2/3。插后保温、保湿，约 3 周即可开始生根。温室床插幼苗，待根系稍多，炼苗后及时移栽。

夏季采用嫩枝扦插，于 6～7 月采集当年生半木质化新梢作插穗，插穗长度 8～10 cm，顶部留 2 片小叶，基部经 100 mg/L 吲哚丁酸或萘乙酸溶液浸泡 8 h 催根处理，插入清沙、蛭石、珍珠岩等基质的苗床上，深 3～4 cm。插后要遮荫、浇水、喷雾保湿，1 个月左右可生根，炼苗后及时移栽苗圃。

3. 分株育苗

贴梗海棠丛生性强，很容易发生分蘖，亦可用分株繁殖法育苗。在春季或秋季将丛生母株整株掘起分割，每小丛2～3个枝干，栽后3年又可再行分株。通常在秋季起苗、分株后假植，以促使伤口愈合，翌年春季定植。

4. 压条育苗

早春选择母树上的健壮长枝，开沟后将枝条压入沟中，然后间隔1～2个节培土5～6 cm厚，覆膜保湿。待萌芽后撤膜，压条约1个月生根。秋天起苗时分割成独立植株。

此外，还可用播种、嫁接繁殖。

8.4.5 紫薇 *Lagerstroemia indica L.*

1. 生物学特性

紫薇是千屈菜科紫薇属落叶灌木或小乔木，别名百日红、满堂红、痒痒树等。原产中国中部，现各地普遍栽培。

紫薇花枝繁茂，花朵鲜艳，花期很长，多在盛夏少花季节开放，是极有观赏价值和绿化价值的树种。宜在庭院、建筑物前、道路旁、池畔和草坪上种植，也可成片栽植、丛植及盆栽，还可作切花用。因对有毒气体有较强抗性和滞尘功能，也是工厂、街道和居民区重要的绿化材料。性喜光，稍耐阴。喜温暖湿润气候，较耐寒，可在华北地区背风向阳处越冬，但不能在北方寒冷地区露地越冬。喜肥沃、湿润和排水良好的土壤，尤以石灰性土壤为最好。对苗床水分适应性强。

2. 扦插育苗

1）硬枝扦插

春季萌芽前采集1年生枝条，剪成长度15 cm左右的插穗，插入疏松、排水良好的砂壤土苗床上，顶端露出腋芽，用手按实，浇透水，苗床上再覆沙或木屑厚约1～2 cm保温保湿。以后经常喷水，成活率可达90%以上。

2）嫩枝扦插

夏季采用当年生半木质化新梢扦插，需在塑料棚全封闭保温和搭棚遮荫降温条件下进行，或利用间隙喷雾全光照下进行育苗。

3. 分株育苗

一般在春季芽萌动时将母株根部周围的萌蘖分割开来，按生长壮或弱，可2～3小株或单株栽植成苗。

4. 播种育苗

于秋季果实成熟时采下蒴果，经晾晒使果皮开裂，去皮净种后干藏。翌年早春取出种子，用温水浸种2～4 h，捞出混沙2倍，置于背风向阳处催芽。在砂壤土苗床上条播，每平方米用种量为 2.5 g,条播间距 30 cm,播深 1～2 cm,覆一层薄土后踏实、覆草。出苗后对幼苗进行遮荫,当苗高达 3 cm 时间苗,留苗株距 10～15 cm。6～8 月间追 2～3 次肥,适时浇水、松土除草。雨后注意排水。当年苗高可达 50～60 cm,北方需防寒越冬。为确保安全,秋季应将苗掘出进行假植,翌年春季移植苗圃继续培养,2～3 年即可出圃。

8.4.6 连翘 *Forsythia suspensa* (*Thunb.*) *Vahl.*

1. 生物学特性

连翘是木犀科连翘属落叶灌木,别名黄寿丹、黄花杆、绶丹等。原产中国和朝鲜,在我国东北、西北栽培甚广。连翘早春先开花后长叶,黄花满枝,艳丽可爱,是我国北方早春重要的观花灌木。抗性强,病虫害少。可丛植于草坪、角隅、路缘等处。也可在向阳坡地、阶前、墙垣等作基础栽植,或作花篱等用。性喜光,耐半阴。喜温暖湿润气候,也耐寒,在我国北方寒地大多能露地安全越冬。对土壤要求不严,耐干旱,耐瘠薄,怕涝。

2. 扦插育苗

1) 硬枝扦插

秋季落叶后,从母树上剪下 1～2 年生枝条,剪去梢头不成熟部分,埋沙贮藏越冬,翌年春取出剪成 10～15 cm 长的插穗,用清水浸泡 4～8 h,使之充分吸水,然后插入露地苗床,要求插穗顶端腋芽露出地面。插后经常喷雾保湿,但不宜喷过量,以免降低土温,20 d 左右即可生根。

2) 嫩枝扦插

连翘枝条较易生根,在夏季多雨季节用当年生半木质化枝条扦插,其扦插成活率很高。

3. 压条育苗

在春季进行压条。因枝条细长,呈拱形状,故宜用长枝水平压条法。即在母株四周挖浅沟,将长枝呈水平状压入沟内,覆土 5 cm 左右,保持沟内土壤湿润,以促进生根。每个节上都可长出 3～5 根枝条,翌年春与母体剪离另栽。此法成苗快,可提高繁殖数量。

4. 分株育苗

连翘是丛生灌木,可进行分株繁殖。分株在早春开花前进行,1 株多年生母株可分成多个小丛,每丛有 2～3 个枝条,经适当修剪根系和枝条后栽植。栽后浇水,很快就能成活。

8.4.7 锦带花 *Weigela florida* (*Bunge*) *A. DC.*

1. 生物学特性

锦带花是忍冬科锦带花属落叶灌木,别名五色海棠、海仙花、文官花等。原产中国东北、华北及华东的北部。锦带花枝长花密,适于庭园角隅、湖畔群植,也可在树丛、林缘作花篱,花丛点缀假山、坡地,或作盆景。性喜光,稍耐阴。耐寒。对土壤要求不严,耐瘠薄,怕水涝,以深厚、湿润、肥沃的土壤生长最好。

2. 扦插育苗

春季采取1年生成熟枝条，剪成长15～20 cm的插穗进行露地扦插。夏季采取当年带叶嫩梢插穗，于6～7月在荫棚下扦插。极易生根成活。秋天起苗假植越冬，或土壤结冻前灌水留圃自然越冬，翌春按株距30 cm、行距50 cm移栽培养大苗。

3. 分株育苗

在秋天落叶后或春天发芽前进行分株，北方地区多在春天分株。春天结合起大苗时，对挖出的苗木带有须根的分枝，剪去枝干，将其根苗按一定株行距移植苗圃，当年即可育成一株丛生小灌木。

4. 压条育苗

压条可在生长期进行，其方法同于一般树种压条繁殖。

5. 播种育苗

锦带花种子很小，于10月蒴果成熟后迅速采收，晾晒后敲打脱粒，净化的种子随即播种，或干藏后翌春播种。

春播的种子应用清水浸种2～3 h后，用2～3倍湿沙混拌，置于温暖处，用麻袋等覆盖保湿6～7 d即可播种。要求细致整地，床面要平整，土壤细小、不能有土块。先用喷壶浇足底水，然后将混沙种子撒播于床面，从外部拉进细沙与表土混合后进行覆盖，覆土厚约0.5 cm，再覆稻草。播后每天喷水1～2次，待出苗后撤草。每平方米播种量为2.5～4 g，间苗后每平方米留苗100～150株。

8.5 藤本类苗木的繁育技术

8.5.1 紫藤 *Wisteria sinensis Sweet*

1. 生物学特性

紫藤为豆科紫藤属大型木质藤木，又名藤萝树。其枝叶繁茂，花穗大，花色鲜艳而芳香，是园林中垂直绿化的好材料，也可作盆景材料。原产我国，北起辽宁南部，遍布全国各地，国内外都有栽培。性喜光，略耐阴；较耐寒，并能耐－25℃的低温；喜深厚、肥沃而排水良好的土壤，但亦有一定的耐旱、耐瘠薄和耐水湿能力；主根深、侧根少，不耐移栽，生长快，寿命长。

2. 播种育苗

1）种子采集和调制

果实9～10月成熟，当荚果由绿变为褐色时采集，晾晒后取出种子，经阴干后装袋干藏。每千克种子约1 000粒。

2）整地作床

秋冬深耕，放入腐熟基肥，每亩 4 000 kg，春季浅耕耙平，并施入 5%辛硫磷颗粒剂以灭地下害虫，每亩可撒 3～5 kg，灌足底水，待能操作时作床或作垄。

3）浸种催芽

播前用 40～50℃温水浸种，经 1～2 d，种子充分吸水膨胀，去水后放到温暖处进行催芽，注意每天用清水冲洗，当种子有 1/3 破皮露芽时，即可播种。

4）播种

常采用大垄穴播，垄距 70～80 cm，播种深度 3～4 cm，穴距 10～12 cm，每穴播入 2～3 粒种子。床播时也采用穴播，穴距 10～12 cm，行距 70 cm。每亩用种量 20～25 kg，每亩产苗量 7 000～8 000 株。

3. 扦插育苗

在 2 月下旬至 3 月下旬，选择无病虫害的健壮母株，采取 1 年生充实的藤条，插穗剪成长 15 cm 左右，粗 1～2 cm，上口平，下口斜，然后将插穗下部用清水泡 3～5 d，每天换清水一次。在经过灌足底水的床（垄）面上，按行株距 75 cm×35 cm 进行扦插，扦插入土深 2/3，直插斜插均可。每亩可产苗 2 500 株左右。

4. 埋根育苗

2 月下旬至 3 月中旬由紫藤大苗出圃地或大母株周围，挖取 0.5～2 cm 的粗根，剪成长 8～10 cm 根段，按行株距 75 cm×35 cm 埋入苗床，直埋斜埋均可，但注意不要倒埋，上部入土同地平。

5. 留根育苗

紫藤大苗起苗出圃后，圃地常常留下部分根系，可以利用其萌芽能力就地培育成苗。起苗后对圃地稍整平，浅锄一次，并施入基肥，到春季即可大量萌发出萌生苗。经过细致的抚育管理，当年生苗可长达 50～80 cm，供第二年春移植继续培育。

8.5.2 爬山虎 *Parthenocissus tricuspidata* (*Sieb. et Zucc.*) *Planch.*

1. 生物学特性

爬山虎为葡萄科爬山虎属落叶藤本，又名三叶地锦、爬墙虎。我国分布很广，北起吉林、南至广东均有分布。性喜阴、耐寒，适应性很强，且生长快，是一种良好的攀援植物，能借助吸盘爬上墙壁或山石，是垂直绿化的良好材料。

2. 扦插育苗

爬山虎扦插繁殖易成活，软枝、硬枝插均可，春、夏、秋三季都能进行。春、夏扦插在干旱地区可设荫棚进行床插，管理比较粗放。

3. 压条育苗

压条繁殖生根较快，成活率高，多在雨季前进行，秋季即可断离母体，成为新的植株，即可挖苗栽植;或假植,至翌春栽植。

4. 播种育苗

种子 10 月成熟,采收后去掉果肉,随即播种或洗净风干贮藏,翌春在播种前 2 个月用清水浸种 2 d 后沙藏,临近播种期 5～7 d 置于背风向阳处或室内,保湿催芽,待部分种子裂嘴时播种。床播、垄播均可,经精细管理,1 年生苗长可达 1～2 m。

5. 埋枝或埋根育苗

取母株枝条或侧根,粗 0.5～1 cm,开沟平放,覆土 2～3 cm,略踏实,灌水保墒,使之生长出新的植株。翌春切断每株连接处,形成单独个体,此法春、夏、秋均可进行。

8.5.3 凌霄 *Campsis grandiflora* (*Thunb.*) *Loisel.*

1. 生物学特性

凌霄为紫葳科凌霄属落叶藤本。又名紫葳、女葳花。原产我国长江流域至华北一带,北京以南普遍栽培。凌霄攀援他物可高达数十米,花大色艳,花期长,为庭园中垂直绿化的好材料,也可作盆栽观赏。性喜光,略耐阴;喜温暖湿润气候,不甚耐寒。

2. 播种育苗

9～10 月蒴果成熟,随即采收晾晒,脱粒净种,阴干后干藏。翌春播种前用清水浸种 2～3 d,播种 7 d 左右陆续发芽。北方多用低床,南方多雨地区用高床。穴播,每穴播种 2～3 粒,株行距 15 cm×40 cm,每亩产苗约 5 000～6 000 株。

3. 扦插育苗

1) 硬枝扦插

在 11 月中旬至 12 月上旬采 1～2 年生粗壮枝条,剪取插穗具有 2～3 节为一段,用湿沙埋藏,翌年 3 月中旬取出进行扦插,株行距 20 cm×40 cm,深为插穗长的 2/3,注意不要倒插。每亩产苗约 5 000 株左右。

2) 根插(埋根)

在 3 月中下旬挖取粗壮的 1～2 年生根系,截取长 8～10 cm 的根条,在已整好的床面上,先灌足底水,待能进行操作时,进行直埋或斜埋。上端与地面平,株行距 15 cm×40 cm。在萌芽前不干旱时,应尽量少浇水。

江浙一带在春季挖取粗 0.5～1.0 cm 的根,截取长 1～2 cm 小段,在已整好的床面上开沟,宽 5 cm,深 2～3 cm,行距 40 cm,然后将截取好的根段撒播在沟内,并覆土浇水、盖草。

4. 压条育苗

春季 2～3 月,在母株周围,将 1～2 年生枝条每隔 3～4 节埋入土中一节,深 4～5 cm,经 20～30 d 即可生根,自地上节处发芽、展叶抽枝。入秋后分段切离成独立植株,翌春即可移植继续培育。

5. 苗期管理

播种苗一般稍加覆盖。苗高 2 cm 左右间苗，每次留苗 1 株，结合间苗可补缺株。播种苗、扦插苗和压条苗，在旺盛生长期施追肥 2～3 次，8 月中旬停止施用水肥。寒冷地区的当年生苗，冬季应采取防寒措施，保护苗木越冬。翌春移植或留床间取移植，株行距 50 cm×40 cm，经 2～3 年抚育管理，育成 3 个以上主蔓，长达 1.5 m 左右即可出圃。

通常用无性繁殖，以扦插为主，也用压条、嫁接等方法。

1）扦插育苗

（1）采条及贮藏

冬季落叶后选取树势强壮、丰产、品质优良、抗病力强的品种，采取 1 年生粗壮蔓枝（但不能是徒长枝），截取中间一段进行沙藏，沙藏地要选地势高燥、排水良好的地区。挖一穴，穴底垫上 5 cm 厚的湿沙（沙最好消过毒，湿度以捏紧成团、松手散开为度）。将选好的插条竖放入穴，放好后盖上 8 cm 厚的湿沙，空隙间都要填满湿沙，以保持湿度。

（2）苗床的准备

入冬前要深翻，施好基肥（堆肥、猪粪、人粪尿）春季开沟作畦，做好苗床，准备扦插。

（3）扦插

时间在 3 月上旬至 4 月上旬，插穗剪取 2～3 个芽一段，插入土中 2/3，株距为 10 cm，行距 30 cm，上面芽眼向南。插好后及时浇水，水要浇透，第二天再浇一次水，随后进行松土保墒。天干旱时要浇水、松土除草，5 月下旬长根。长出 5～6 片叶后开始追肥，一年可追 2 次肥。若天气热，主芽的萌条枯萎，可剪去，两边副芽仍能萌发新枝。

2）压条育苗

春季将蔓枝压入土中，由于葡萄枝蔓较长，可采用长枝平压法或波状压条法，一次获得较多的新植株。压条一年后剪断母株移植他处。

3）嫁接育苗

一般用劈接法，接时宜稍高些，离地面 60 cm，接后用塑料袋封口，待芽萌动后，可先松上口，不必把塑料袋拿掉，待长叶后自动顶开上封口，再去掉塑料袋。此法常用于改造不良品种的葡萄时用。

8.5.4 木香 *Rosa banksiae Ait.*

1. 生物学特性

木香为蔷薇科蔷薇属半常绿攀援灌木。枝蔓长达 10 m 左右，为园林中著名藤本花木，尤以花香闻名。除适作垂直绿化外，亦可作盆栽或作切花用。原产我国西南部，黄河以南各城市广泛栽培。性喜阳光，喜温暖气候；较耐寒、耐旱；怕涝；喜排水良好之土壤。

2. 嫁接育苗

用野蔷薇或刺玫作砧木，进行切接、芽接或靠接均可。

1）切接

在 2～3 月进行。在木香母株上选 1 年生、生长充实的粗壮枝条，从中下部剪取接穗，长

6～7 cm，带 2～3 个芽；由接穗下部两侧长 2 cm 左右处下刀，削至木质部，呈楔形，然后将砧木由地面上 3 cm 处截断，在干的迎风向一侧下刀切开，切口长 2 cm，宽与接穗切口宽相同；将接穗插入砧木切口内，对准形成层，用塑料条绑扎紧，然后用潮湿细土封埋，埋土高出接穗 1～2 cm。接穗萌芽抽枝伸出土面后去封土，松一次绑绳。适时松土除草、灌水施肥，并及时除去砧木萌蘖。次年春季进行移植。2 年后可出圃。

2）靠接

在 2～4 月或晚些亦可，靠接在 2 年生的砧木上（野蔷薇或刺玫）。2 月砧木上盆，3～4 月靠接。接穗应选芽多的嫩枝，切口长约 3～7 cm，砧木上部留一个芽，以利水分与养分向上运输，使之易愈合。靠接后涂胶泥，并用直棍缚住，并将接穗去顶，留长 1 m 左右。靠接前后各浇一次水，应经常进行浇水管理，在秋后或次年春可同母株割开，移植，1 年后可出圃。

3．扦插育苗

1）剪取插穗

8～9 月，选生长充实的当年生枝条，剪取枝条的中下部作插穗。插穗长 20～25 cm，粗 0.5～1.0 cm，上端带 1～2 片小叶。

2）扦插

在整好的苗床上，先浇透水，在床面呈泥浆状时进行扦插。株行距 10 cm×20 cm，深为插穗的 1/2～2/3。插后浇一次水，设荫棚遮荫，15 天后撤除。插后 7 天松土或撒细土，再浇一次水，以后，每隔 2 星期浇水一次，保持土壤湿润。次年 3 月初进行移植，株行距 30 cm×70 cm。5～8 月追肥 2～3 次，每隔 15 天浇水一次，8 月中旬停止水肥。第二年可再移植一次，第三年出圃。

4．压条育苗

一般在 2～3 月间进行压条。当枝条发芽时，选 2 年生枝，压下的部位可用刀刻伤，也可用刀劈裂。压入土内 5～6 cm 深，覆土砸实，使枝条不能弹起。露出土面的枝梢，用木桩缚直，如露出土面的枝条过长，可弯盘成圈，节省用地。压后经常浇水，90 d 后可生根，次年春萌动前切离母株，进行移植或定植。

8.5.5 常春藤 *Hedera nepalensis var. Sinensis*(*Tobl.*) *Rehd.*

1．生物学特性

常春藤为五加科常春藤属常绿木质藤本，又名中华常春藤、土鼓藤。长达数十米，茎借气生根攀援。分布于华中、华南、西南及陕西省南部。在庭园中可以用于攀援假山、岩石或在建筑阴面作垂直绿化材料；也可作地被材料，还可盆栽供室内观赏用。性极耐阴；耐寒性较差；对土壤和水分要求不严。

2．扦插育苗

在 6 月间进行。剪取插穗长 15～20 cm，摘去下部叶片，只留上部 1～2 片叶，株行距 15 cm×25 cm，深 5 cm，插入苗床后浇透水，并设荫棚遮荫。20～30 d 后可生根，40 d 后撤除荫棚。适当追 1～2 次肥，注意适时浇水、松土除草。翌年春季移植，株行距为 25 cm×70 cm。移植后要遮荫 15 天左右。5～8 月间追肥 2～3 次，无雨天每隔 15～20 d 浇水一次。8 月下旬停止水肥，到 10 月底长达 1 m 以上，即可出圃。

另外，压条和播种繁育也可，但不常用。

9 园林苗圃的经营管理

园林苗圃的经营管理是以政治经济学为理论基础，针对园林苗圃的特点，研究园林苗圃的建设、发展及其经济运作的客观规律。

所谓经营，是指经济运营，是生产经营者为了自身的生存、发展和实现自己预期的战略目标所进行的决策，以及为实现其决策目标而开展的与市场相关的各项工作。在市场经济条件下，一个企业(或经营实体)作为一个独立自主、自负盈亏的生产经营者，其经营水平的高低和经营效果的优劣，直接取决于企业对市场需求及其变化能否正确认识、企业内部的优势能否有效发挥以及企业内部条件与市场能否协调发展。总之，经营是一项为实现企业既定的发展目标，对企业经济活动进行运筹、谋划、决策的综合性职能。经营的目标是效益。

所谓管理，是指管辖治理，它是由协作劳动引起的，对企业经营过程中的人、财、物，供、产、销进行计划、组织、指挥、协调、监督等的各项工作。管理是人类社会活动和生活活动中普遍存在的社会现象。管理水平的高低，直接影响着经济发展的快慢。管理的目标是效率。

经营和管理是两种企业活动，两者有着密切联系，但又存在明显区别。其主要区别表现在以下几个方面：

(1) 经营是由商品生产和交换的发展所引起的一种“适应”功能；而管理则是由协作劳动所引起的一种“计划、组织、指挥、协调和监督”的职能。

(2) 经营只有在以盈利为目的的经济组织中才会产生，而管理在一切有协作劳动的团体单位都需要。

(3) 经营解决企业的战略问题，如企业的发展方向、产品计划、营销策略等；管理则解决企业的战术问题，即在既定的目标和人、财、物等资源条件下，合理组织和安排生产，合理配置和使用各种生产要素，提高产品质量和劳动效率，降低生产成本，提高经济效益等。

(4) 经营主要针对企业外部的问题，以及协调企业内、外活动及实现企业目标的一些综合性问题；而管理则针对企业内部的问题，如处理企业内部各方面的关系，建立和健全必要的规章制度，合理配置和使用企业的人、财、物等。

园林苗圃的经营管理，在苗圃建设与发展中占有举足轻重的位置，其主要任务就是最佳地配置和组织苗圃的人力、物力和财力，正确把握苗木市场的需求和变化以实行科学营销，并采取先进的技术措施，使园林苗圃获得显著的综合效益(经济效益、生态效益、社会效益)。随着园林苗圃业的蓬勃发展，苗圃的经营管理已逐渐引起人们的高度重视。园林苗圃欲实施其建设方针和实现其建设目标，就必须具有科学化、规范化、系统化和现代化的经营管理体制与机制。

9.1 园林苗圃经营

园林苗圃的生产经营活动，不仅要以满足消费者和用户的需要为目的，而且，其经营活动成果也要以得到社会承认的程度为尺度。因此，园林苗圃必须重视其内部条件与外部环境相协调，使其生产的苗木产品符合市场需求，做到适销对路，才能取得良好的经济效益，增强市场经济活力。

9.1.1 调查和预测苗木市场

“凡事预则立，不预则废”，园林苗圃要在激烈的竞争中求生存、谋发展、获效益，就必须调查和预测苗木市场，以准确把握苗木市场的需求和变化，做到“知己知彼，百战不殆”。

1. 苗木市场调查

苗木市场调查即运用科学的方法和手段，系统地、有目的地收集、分析和研究有关市场对苗木的产、供、需的数据和资料，并依据其如实反映的市场情况，提出结论和建议，作为苗木营销决策的依据。

1）苗木市场调查的主要内容

（1）市场环境调查

主要指对市场环境的政治、经济、文化等方面的调查。

（2）市场需求调查

主要调查市场对某类苗木的最大和最小需求量，现有和潜在的需求量，不同地域的销售良机和销售潜力等。

（3）消费者和消费行为调查

主要包括消费水平、消费习惯等。

（4）苗木产品调查

主要调查消费者对苗木质量、规格、性能等方面的评价反映。

（5）价格调查

主要包括消费者对苗木价格的反应，老苗木品种价格如何调整，新苗木品种价格如何定价等。

（6）竞争对手调查

主要调查竞争对手的数量、分布及其基本情况；竞争对手的竞争能力；竞争对手的苗木特性分析等。

除上述调查内容外，还有销售渠道调查、销售推广调查以及技术发展调查等。

2）苗木市场调查的方法

（1）询问法

根据调查事项，采用走访、书信、电话和网络等方式，获取相关的信息。

（2）观察法

调查者依据调查事项直接到苗圃或苗木市场现场进行观察，或用仪器进行记录、拍摄，以搜集所需资料的方法。

(3) 实验法

从影响产品的各种因素中，选出某些因素，将它置于一定条件下，进行小规模实验，然后对其结果进行分析研究，决定产品是否值得大批量生产。例如，某苗圃向市场投入少量某苗木新品种，进行实验销售，视其实验结果决定生产规模，就属于这一调查方法。

2. 苗木市场预测

苗木市场预测是在市场调查的基础上，运用科学的方法，对苗木的供求趋势、影响因素和变化状态做出推断和估计。这对园林苗圃的市场营销活动起着重要的作用。

1) 预测程序

(1) 准备阶段

主要包括明确预测的目的和要求，确定预测项目和内容，拟定调查提纲，选择预测方法，规定调查时间和范围等。

(2) 预测阶段

主要包括实地市场调查，搜集和整理资料，开展市场研究，分析市场变化规律，对市场进行定性、定量、定时分析。

(3) 评价和检验阶段

对各种预测结果进行综合分析、判断、跟踪观察，遇有新的情况及时修订预测值，找出预测误差，分析产生的原因等。

2) 预测方法

市场预测方法主要分为两类，即定量预测和定性预测。定量预测是运用数学手段进行预测的方法，它适用于那些可以进行定量分析的事物。定性预测则主要借助于调查、了解、直观分析等手段，对事物的未来发展做出预测。定性预测的结果取决于人们的经验分析，因而不易提供准确的数据，但是苗木市场预测实际上总是受到诸如经济形势、政府政策、用户心理、时尚爱好等许多非定量因素变动的影响，而这种影响，一般很难用定量的方法来描述，所以，定性预测方法仍不失为一类有用的方法。

常用的定性预测方法有以下两种。

(1) 集合意见法

将有关人员和专家商讨市场趋势的看法集中起来，预测市场变化的方法，称集合意见法。它通常采用座谈、询问等形式搜集有关市场资料。

(2) 市场综合调查法

它是依据多方面有关市场的综合资料，进行分析研究，推断未来市场趋势的方法。其资料多数是通过典型调查、抽样调查、专题调查等手段获得的。

9.1.2 注重苗木市场营销

园林苗圃业的生存和发展，固然受宏观环境、国家政策、经济体制、市场竞争、技术进步、制度管理、人力资源等多种因素的影响和制约，但能否成功地开展营销活动，也是影响其生存和不断发展的一项重要因素。

随着苗圃业的蓬勃发展，“酒好不怕巷子深”的时代已不复存在。现代苗木市场，可谓行情瞬息万变，关系错综复杂，竞争异常激烈，风险变化多端。面对这种态势，要想提高苗木在市场中的占有率，必须以现代市场营销的基本理论为指导，注意分析营销环境并灵活运用营销策略。

1）产品策略

早在1979年，国家城建总局《关于加强城市园林绿化工作的意见》指出："苗圃要逐渐走向专业化、工厂化，实行科学育苗，要积极采用新技术、新设备，以较短的时间多育苗、育好苗。城市绿化树种，要考虑多方面功能，注意选用乡土树种作为骨干树种；常绿树与落叶树、观赏树与经济树、一般树与名贵树要兼顾搭配，合理育苗。"园林苗圃要生产什么苗木类型或苗木品种，主要取决于绿化市场的需求状况，避免盲目生产。近年来，随着生态园林建设的不断深入，苗木市场对新品种的需求量呈逐渐扩大的趋势，对某些老品种的需求亦是有增无减。苗圃生产者应按照"人无我有，人有我优，人优我精"的原则生产苗木，创建品牌，才能在市场竞争中立于不败之地。

2）价格策略

苗木产品的定价，既是一门科学，也是一门艺术。园林苗圃在给苗木定价时，除需考虑国家政策、成本、竞争、市场供求、预期利润等基本因素，还应明确定价目标，研究定价方法，采取定价策略，使销售价格在满足苗圃自身利益的同时，也能使用户乐于接受。

具体而言，苗木价格策略主要包括基本价格、折让价格、付款期等方面的策略。园林苗圃可根据市场变化和价格浮动，进行适度调整。总之，要使价格和价值相适应，确实起到促进生产、保证需要的杠杆作用。

3）销售渠道策略

销售渠道，又称分销渠道，是指苗木产品由生产者向消费者转移时所经过的渠道。它以生产者作为起点，以消费者购进苗木产品为其终点，其中包括若干营销机构或个人参与苗木商品流通活动的系列过程。

销售渠道策略主要包括渠道选择，确立中间商，建立销售网点，以及苗木存贮、运输、供货保证等方面的策略。必须多方拓宽苗木销售渠道，选择合理的营销路线，配备有效的营销机构，将苗木产品及时、方便、经济地提供给消费者，借以扩大苗木产品的营销，加速苗圃资金周转，节约流通费用，提高经济效益，并进一步促使苗圃与外界发生经济联系，收集商情和反馈信息，不断为苗圃注入经济活力。

4）促销策略

促销，即促进销售，是苗圃通过人员或非人员的方法，传递苗木产品信息，帮助或说服消费者购买某种苗木产品，并使他们通过购买，对该苗圃产生好感和信任，进而达到实现销售的目的。它具有传递信息、引导需求、突出特点、稳定销售和提高声誉的作用。

促销策略主要包括人员推销、广告、营业推广、公共关系等方面的策略。园林苗圃为了实现有效的促销，必须充分了解现实的和潜在的顾客对象，开辟双向的信息反馈。

苗木促销常采用下列方法：

（1）参加苗木展览会、苗木信息研讨会等；

（2）广告宣传；

（3）优化服务；

（4）推销、代销；

(5) 折让优惠。

9.2 园林苗圃管理

高效、先进、科学的管理是现代园林苗圃提高生产效率和经营效率的切实保证。园林苗圃管理的主要内容包括计划管理、生产管理、技术管理、人事行政管理、质量管理、设施管理和财务管理等。

9.2.1 计划管理

园林苗圃计划主要包括生产计划和经营计划。生产计划通常是对苗圃在计划年度内的生产任务做出统筹安排,规定苗圃在计划期内生产的苗木品种、质量、数量和进度等指标。经营计划则是对苗圃的经营活动及其所需的各种资源,从时间和空间上进行统筹安排。计划管理的主要内容如下:

1) 明确计划指标

园林苗圃的生产计划、经营计划都需通过计划指标来体现。计划指标是在计划期内生产、技术、经营等各方面所要达到的预期目标和水平。每一项计划指标都有其特定的内容和意义,但各项计划指标不是孤立的,而是相互联系的,只有把各项计划指标统一起来,形成一个适合于生产单位经营特点的指标体系,而将各个指标连成一个彼此关联的统一体,才能综合反映该单位生产经营的全貌,反映各项计划之间的内在联系。所以,指标是构成计划的基本要素。

园林苗圃计划指标按其性质可分为数量指标与质量指标两大类。

(1) 数量指标

数量指标是表示计划期内苗圃生产经营活动各个方面的工作在数量上应达到的目标。如生产方面的苗木类型、苗木产量、苗木生产面积等,经营方面的生产成本、销售额、销售利润等。

(2) 质量指标

质量指标是表示计划期内苗圃生产经营活动中对工作质量提出的要求。如生产方面的种子发芽率、移栽成活率、苗木合格率等,经营方面的市场信息价值、市场占有率等。

2) 编制合理计划

园林苗圃的计划是否具有可行性,是否先进可靠,能否对生产经营活动起指导作用,决定于编制计划的工作质量。编制计划时,必须按照计划管理的原则,准确把握苗圃自身的内部条件,多方收集外部的市场信息,做好调研工作,为编制计划提供可靠的依据。

3) 执行实施计划

编制计划后,重要的是执行计划,组织实施。为了全面、均衡地完成或超额完成计划任务,园林苗圃需做好以下两方面的工作。

(1) 抓好计划落实

计划确定后,要把计划任务层层落实,要求苗圃各基层组织编好日、旬、月的作业计划,并贯彻执行。

(2) 加强检查分析

对计划执行情况进行检查分析,其目的是掌握计划执行的进度,正确评价计划执行情况，并及时发现和消除计划执行过程中的不利因素，对计划及时补充和调整，最终提高生产经营水平。

9.2.2 生产管理

园林苗圃生产管理的目的在于建立一个稳定、高效的生产过程，保证苗圃按质、按量、按时、按品种生产出市场需求的苗木产品。

1）圃地区划

圃地区划是根据苗圃的地形地势、土壤气候和建设目标，将其进行功能分区，其目的在于便于生产管理和作业实施，合理利用圃地面积，避免资源浪费，美化圃容圃貌。圃地区划的内容详见第一章。

2）育苗规划

现代园林苗圃为达到育苗良种化、质量标准化、经营集约化，需做出具超前性、可操作性的育苗规划。

（1）生产上长短、快慢结合

小苗或速生苗木的出圃周期短，资金回收快，土地利用率高；大苗或慢生苗木的出圃周期长，资金回收慢，土地利用率低。苗圃经营者要根据资金周转和土地情况统筹规划，合理搭配。

（2）品种上特色领先

随着景观规划设计水平的提高，各城市都在寻求独具特色的景观风格，苗木特色品种亦随之走俏绿化市场。“没有特色就没有市场”逐渐成为人们的共识。许多园林苗圃纷纷调整产品结构，创建特色拳头产品。

3）生产组织和控制

苗圃应按生产计划进行生产组织和控制，以达到预期的生产目标。

9.2.3 技术管理

科学技术是第一生产力。经济发达国家把先进的生产技术和先进的管理方法，称为经济高度成长的两个车轮，缺一不可。园林苗圃应充分利用其物质条件，积极开展科学试验，努力采用新技术，不断提高苗木产品的科技含量。

技术管理是管理工作中的重要组成部分。加强技术管理，有利于建立良好的生产秩序，提高技术水平，增加产量，提高质量，扩大品种，节约消耗，提高劳动生产率和降低产品成本等。但技术管理主要强调对技术工作的管理（如运用计划、组织、指挥、协调、控制等），而不是技术本身。生产效果的好坏取决于技术水平，但在一定技术条件下，如何更好地去发挥技术，则取决于对技术工作的科学组织及管理。当今在先进的设备、发达的技术情况之下，劳动分工越来越细，对技术的组织工作就要求更为严格，因此，技术管理工作就尤为重要。

园林苗圃技术管理工作的内容主要有以下两项。

1）建立健全技术管理体系和管理制度

其目的在于加强技术管理，实行技术责任制，提高技术管理水平。

2）建立技术档案

园林苗圃技术档案是苗圃生产和经营活动的真实记录。建立苗圃技术档案的目的是通过及时地收集记录、系统地整理分析苗圃的使用、苗木生长发育、育苗技术措施的实施情况和物料投入、用工及劳力组合效果等，以便掌握苗木生产规律，总结育苗技术经验，探索苗圃经营管理方法，不断提高苗圃的管理水平。

苗圃技术档案的主要内容(详见附录 1)有如下几项。

(1) 育苗地区、场圃概况；

(2) 育苗技术资料；

(3) 经营管理状况；

(4) 各类统计报表(表 9-1，表 9-2，表 9-3，表 9-4，表 9-5)和调查总结报告等。

表 9-1　苗圃土地利用表

作业区号　　　　作业区面积　　　　土壤质地　　　　填表人

年度	树　种	育苗方法	作业方式	整地情况	施肥情况	除草剂使用情况	灌水情况	病虫害情况	苗木质量	备注

表 9-2　苗圃作业日记

年　　月　　日　　星期　　　　　　填表人

树种	作业区号	育苗方法	作业方式	作业项目	人工	机工	作业量		物料使用量			工作质量说明	备注
							单位	数量	名称	单位	数量		
总计													
记事													

表 9-3　育苗技术措施表

树种　　　　苗龄　　　　育苗年度　　　　填表人

育苗面积(公顷数、畦数)				前　茬	
繁殖方法	实生苗	种子来源 播种方法、覆盖 起止日期	贮藏方法 播种量(kg/hm^2) 间苗时间	贮藏时间 覆土厚度 留苗密度	催芽方法 覆盖物
	扦插苗	插条来源 扦插密度	贮藏方法 成活率	扦插方法	
	嫁接苗	砧木名称 嫁接日期 解缚日期	来源 嫁接方法 成活率	接穗名称 绑扎材料	来源
	移植苗	移植时期 苗木来源	移植时的苗龄	移植次数	株行距

续表 9－3

<table>
<tr><td>整 地</td><td colspan="8">耕地日期　　　　耕地深度　　　　作畦日期</td></tr>
<tr><td rowspan="4">施
肥</td><td rowspan="2">基 肥</td><td>施肥日期</td><td>肥料种类</td><td>用　量</td><td>方　法</td></tr>
<tr><td></td><td></td><td></td><td></td></tr>
<tr><td rowspan="2">追　肥</td><td></td><td></td><td></td><td></td></tr>
<tr><td></td><td></td><td></td><td></td></tr>
<tr><td>灌 水</td><td colspan="8">次　数　　　　时　间　　　　遮荫时间</td></tr>
<tr><td>中 耕</td><td colspan="8">次　数　　　　时　间　　　　深度/cm</td></tr>
<tr><td rowspan="3">病虫防治</td><td></td><td>名称</td><td>发生时间</td><td>防治日期</td><td>药剂名称</td><td>浓度</td><td>方法</td><td>效果</td></tr>
<tr><td>病 害</td><td></td><td></td><td></td><td></td><td></td><td></td><td></td></tr>
<tr><td>虫 害</td><td></td><td></td><td></td><td></td><td></td><td></td><td></td></tr>
<tr><td rowspan="4">出
圃</td><td></td><td>日　期</td><td>总公顷数</td><td>每公顷产量</td><td>合格苗/%</td><td>起苗与包装</td></tr>
<tr><td>实生苗</td><td></td><td></td><td></td><td></td><td></td></tr>
<tr><td>扦插苗</td><td></td><td></td><td></td><td></td><td></td></tr>
<tr><td>嫁接苗</td><td></td><td></td><td></td><td></td><td></td></tr>
<tr><td>新技术应用
效果及问题</td><td colspan="8"></td></tr>
<tr><td>存在的问题
和改进意见</td><td colspan="8"></td></tr>
</table>

表 9－4　苗木生长总表(______年度)

树种____________ 播种(扦插、嫁接、移植)期____________

播种量(kg/hm²,粒/m²)____________种子催芽方法____________

发芽日期:自____月____日至____月____日

发芽最盛期自____月____日至____月____日

耕作方式____________土壤____________酸碱度____________厚度____________

坡向____坡度____施肥种类____________施肥量(kg/hm²)____________施肥时期____________

<table>
<tr><td rowspan="3">调查次序</td><td rowspan="3">调查月日</td><td colspan="3">标准地</td><td rowspan="3">前次调查各点合计株数</td><td colspan="4">损失株数</td><td rowspan="3">现存株数</td><td colspan="11">生 长 情 况</td><td rowspan="3">灾害发生发展情况摘记</td></tr>
<tr><td rowspan="2">行数</td><td rowspan="2">标准地</td><td rowspan="2">合计面积</td><td rowspan="2">病害</td><td rowspan="2">虫害</td><td rowspan="2">间苗</td><td rowspan="2">作业损失</td><td colspan="3">苗　高</td><td colspan="3">苗　粗</td><td colspan="2">苗　根</td><td colspan="3">冠　幅</td></tr>
<tr><td>较高</td><td>一般</td><td>较低</td><td>较粗</td><td>一般</td><td>较细</td><td>主根长</td><td>根幅</td><td>较宽</td><td>一般</td><td>较窄</td></tr>
</table>

表 9-5　苗木生长调查表

育苗年度　　　　　　　　　　　　　　　　　　　　　　　　填表人

<table>
<tr><td>树 种</td><td colspan="2"></td><td>苗龄</td><td colspan="2"></td><td colspan="2">繁殖方法</td><td colspan="2"></td><td colspan="2">移植次数</td><td></td></tr>
<tr><td>开始出苗</td><td colspan="6"></td><td colspan="2">大量出苗</td><td colspan="4"></td></tr>
<tr><td>芽膨大</td><td colspan="6"></td><td colspan="2">芽展开</td><td colspan="4"></td></tr>
<tr><td>顶芽形成</td><td colspan="6"></td><td colspan="2">叶变色</td><td colspan="4"></td></tr>
<tr><td>开始落叶</td><td colspan="6"></td><td colspan="2">完全落叶</td><td colspan="4"></td></tr>
<tr><td rowspan="2">项目</td><td colspan="12">生　长　量/cm</td></tr>
<tr><td>日/月</td><td>日/月</td><td>日/月</td><td>日/月</td><td>日/月</td><td>日/月</td><td>日/月</td><td>日/月</td><td>日/月</td><td>日/月</td><td>日/月</td><td>日/月</td></tr>
<tr><td>苗高</td><td></td><td></td><td></td><td></td><td></td><td></td><td></td><td></td><td></td><td></td><td></td><td></td></tr>
<tr><td>地径</td><td></td><td></td><td></td><td></td><td></td><td></td><td></td><td></td><td></td><td></td><td></td><td></td></tr>
<tr><td>根系</td><td></td><td></td><td></td><td></td><td></td><td></td><td></td><td></td><td></td><td></td><td></td><td></td></tr>
<tr><td rowspan="15">出圃</td><td colspan="10">级 别　　分级标准</td><td>每公顷产量</td><td>总产量</td></tr>
<tr><td rowspan="4">一级</td><td colspan="9">高度/cm</td><td></td><td></td></tr>
<tr><td colspan="9">地径/cm</td><td></td><td></td></tr>
<tr><td colspan="9">根系</td><td></td><td></td></tr>
<tr><td colspan="9">冠幅/cm</td><td></td><td></td></tr>
<tr><td rowspan="4">二级</td><td colspan="9">高度/cm</td><td></td><td></td></tr>
<tr><td colspan="9">地径/cm</td><td></td><td></td></tr>
<tr><td colspan="9">根系</td><td></td><td></td></tr>
<tr><td colspan="9">冠幅/cm</td><td></td><td></td></tr>
<tr><td rowspan="4">三级</td><td colspan="9">高度/cm</td><td></td><td></td></tr>
<tr><td colspan="9">地径/cm</td><td></td><td></td></tr>
<tr><td colspan="9">根系</td><td></td><td></td></tr>
<tr><td colspan="9">冠幅/cm</td><td></td><td></td></tr>
<tr><td colspan="10">等外苗</td><td></td><td></td></tr>
<tr><td colspan="10">其 他</td><td>备 注</td><td></td></tr>
</table>

9.2.4　人事行政管理

人是生产力中最活跃的因素，园林苗圃进行人事行政管理的主要目的是人尽其才，才尽其用，充分发挥每个员工的生产积极性和主观能动性，提高整个苗圃的劳动生产率。

人事行政管理的主要内容如下：

(1) 员工的录用、定岗及考核；

(2) 员工的技术业务培训；

(3) 干部的招聘、选拔和配备。

9.2.5 质量管理

“以质量求生存，靠信誉求发展”是园林苗圃经营的真谛。加强质量管理，是苗圃管理的一项重要内容。这主要包括依据国家标准和行业标准执行苗木产品质量，进行质量调查分析评价，建立质量保证体系等。

9.2.6 设施管理

园林苗圃的生产设施水平在一定程度上影响其发展水平。苗圃的设施管理主要包括旧设备的维护保养和改造更新及新设备的规划和选购。

9.2.7 财务管理

园林苗圃的财务管理就是对苗圃的生产经营活动所需要的各种资金的形成、分配和使用，进行计划、组织、调节、监督和核算工作的总称。其任务就是根据苗圃的生产目标，本着节约使用资金的要求，确定苗圃生产经营必要的、最低限度的资金需要量，积极地筹集和供应苗圃所需要的资金，并采取有效的措施，加速资金周转，以促进生产的发展。同时，它也是监督苗圃的生产经营活动对各项资金的支付是否合理，是否取得一定的经济效益，是否遵守国家政策法令、财经制度和财经纪律，以维护苗圃财产的完整性。

园林苗圃财务管理的主要内容包括资金筹措、固定资金和流动资金管理、成本管理、利润管理、财务收支计划和经济核算等。

附录 1

中华人民共和国城乡建设环境保护部部标准

城市园林苗圃育苗技术规程

CJ14－86

中华人民共和国城乡建设环境保护部

发布日期：1986－06－01

实施日期：1986－10－01

1 总 则

1.1 为了加强城市园林苗圃技术管理，提高育苗技术水平，满足城市园林绿化对苗木的基本需要，特制定本规程。

1.2 本规程主要对城市园林绿化需要的乔木、灌木和部分花木的繁育技术做出有关规定。其他专业苗圃可参照使用。花卉、草皮、地被植物、水生植物和盆栽花木等园林植物的育苗规程另行制定。

1.3 一个城市的园林苗圃面积应占建成区面积的 2%～3%。并根据城市园林绿化的发展和市场需要制定苗木生产规划。

1.4 园林苗圃要结合生产实际，开展科学试验，推广采用新技术，逐步实现良种壮苗，培育种类丰富、造型优美的苗木产品。

1.5 各地园林苗圃应结合当地的实际情况，制定育苗技术操作规程，加强技术培训和技术考核，努力提高职工技术素质，按规程指导苗圃育苗生产。

2 圃地选择与区划

2.1 圃地选择

2.1.1 各城市应根据城市绿化规划的要求设置园林苗圃。设置两个苗圃以上时，宜分设于城市的不同方位。

2.1.2 苗圃宜建于背风向阳、地势平坦之处，生产区的坡度一般不大于 2‰；如建于丘陵地，应开垦梯田。

2.1.3 苗圃土壤的物理、化学性状应良好：土层深度在 50 cm 以上，pH 值宜为 6.0～7.5，含盐量宜低于 2‰，有机质含量不低于 2.5%，氮、磷、钾的含量与比例应适宜。

2.1.4 圃地应水源充足、排灌方便，地下水位宜为 2 m 左右，并无严重的大气和水源污染。交通方便，距市中心一般不宜远于 20 km。

2.2 苗圃区划

2.2.1 根据育苗生产需要，苗圃应划分为生产区和辅助区。

2.2.2 生产区用地不得少于苗圃总面积的80%，一般可分为以下5个小区：

a. 幼苗繁殖小区：宜设在土质好、水源近，并靠近管理区的平坦地段。

b. 小苗培育小区：宜靠近幼苗繁殖区。

c. 大苗栽培小区：宜安排在土质一般的平地或缓坡地。

d. 科学试验小区：根据不同试验的需要，分别在上述小区内选定，一般宜设在管理区附近。

e. 母本小区：应在土壤肥沃、土层深厚处建立；也可在圃外建立采种基地。

2.2.3 辅助区包括管理区、机具站、仓库、积肥场等。要统筹规划，科学安排道路、水、暖、电等系统，苗圃周围宜营造防护林。

3 整地、施肥与轮作

3.1 整地

3.1.1 种植前应先整地，并达到以下标准：

a. 深翻土壤：翻耕深度繁殖区宜为25～30 cm，栽培区为30 cm以上。如耕作层较浅，应逐年加深。

b. 修筑排灌沟：沟渠应按小区设计，结合畦床的设置进行修筑。

c. 作畦：根据生产和操作需要，设置方形或长方形畦床，整平畦面。

d. 土壤消毒：应定期进行土壤药物消毒。

3.1.2 生荒地和其他用地如用于育苗，应先浅耕灭茬，然后再翻耕，如有条件，可先种植一茬绿肥以提高地力。

3.2 施肥

3.2.1 苗圃应常年积肥，以积有机肥为主，广开肥源。

3.2.2 施肥以基肥为主，追肥为辅，有机肥应腐熟后施用。要逐步推广复合肥料。

3.2.3 基肥于翻地前施入，撒布均匀。追肥于苗木生长期施用，一般在生长初期以氮、磷为主，中期以氮为主，后期以磷、钾为主。应注意微量元素和根外施肥的应用。

3.2.4 施肥要与改良土壤的理化性状相结合。带土球苗木出圃后应及时补回栽培土和有机肥。

3.3 轮作与休闲

3.3.1 为保持和提高土壤肥力，减少病虫害的发生，育苗地应实行轮作和休闲制。

3.3.2 除互为病虫害寄生的种类外，其余苗木品种均可轮作。

3.3.3 土地瘠薄或有严重病虫害时，应深翻休闲。休闲地应种植绿肥；休闲期不得超过一年。

4 苗木繁殖

4.1 繁殖准备

4.1.1 做好繁殖床。选择保水、排水和通气性能良好的材料为基质，搞好繁殖场地的消毒。

4.1.2 常年进行繁殖要建造温室，推广容器育苗。尽量采用技术先进的温室和配套装置，逐步实现工厂化育苗。

4.1.3　采集种子必须选择生长健壮、适应性强和无病虫害的适龄母树，并根据育苗目的和要求，分别选用不同性状和功能的优良品系。

4.1.4　做好种源调查，适时采种。采集时严禁混杂，并详细记载采集地点、时间和种名。

4.2　播种繁殖

4.2.1　为了获得数量多、抗性强和易于驯化的苗木，宜采用播种繁殖。

4.2.2　种子采后应立即选种。选种标准为外观正常，粒大充实，内含物新鲜，无病虫，纯度95%和含水量适度。

4.2.3　种子要及时处理，不随采随播的种子应妥善贮藏。

4.2.4　播种前应进行种子消毒，测定发芽率，合理确定播种量。不易发芽的种子必须进行物理或药物催芽处理。

4.2.5　播种时间应根据种子生理特性决定。一般为春播，休眠期长或带硬壳的种子宜秋播，易丧失发芽力的种子宜随采随播。

4.2.6　播种方式有条播、撒播和点播等。一般树种采用条播，小粒种子宜撒播，大粒或名贵种子应采用点播，有条件者可采用容器育苗。

4.2.7　播种要均匀适度，播后立即覆土，覆土厚度应根据种子大小和土壤、气候条件而定。播种后要保持苗床湿润，防止板结。

4.3　营养繁殖

4.3.1　为了保持母本原有性状，获得早开花结实的苗木，宜采用营养繁殖。营养繁殖可分为扦插、压条、埋条、分株、嫁接等方式。

4.3.2　扦插繁殖。适时采集发育良好的枝、叶或根作插穗，易生根的树种可在大田扦插，较难生根的树种可在保护地扦插，并用生根素处理。要注意防止倒插。

a. 硬枝扦插：落叶树于落叶后选取1～2年生壮枝，分级贮存于冷凉湿润处，到次年春季扦插。常绿树于春、秋季和雨季随采随插。

b. 软枝扦插：选取当年生半木质化枝条为插穗，随采随插。

c. 根插：宜在春、秋季进行，根穗顶部与土面平齐。

4.3.3　压条繁殖。扦插不易生根的树种采用压条繁殖法。凡压条繁殖时，均应先将压入土中枝条的表皮刻伤或行环状剥皮，待形成根系后方可剪离母树培育。压条可分为以下几种方式：

a. 伞状压条：亦称普通压条。在早春发芽前将母树1～3年生壮枝向四周弯曲，埋入土中8～12 cm，并使枝梢直立露出土面。

b. 偃枝压条：将母枝基部1年生萌条偃伏于地面，待叶芽萌发生长到15～20 cm时，剪去新梢基部叶片，将偃伏的枝条连同新梢基部平置于4～6 cm深的土沟内，用细土填实。

c. 空中压条：亦称高枝压条。将细土或其他保湿通气性能良好的基质装入容器后套在枝条上。此法主要用于不易生根的珍贵苗木的繁殖。

4.3.4　埋条繁殖。在秋季从已落叶的母树上采集根部萌发的长枝，混沙埋藏，次年春季将枝条平置于3～5 cm深的土沟内，上覆细土，灌水，并保持土壤湿润。

4.3.5　分株繁殖。一般在春、秋季将母树根部萌发的枝条连根分离出来栽植，多用于根蘖发达的树种。

4.3.6 嫁接繁殖。根据繁殖要求，选择接穗与砧木之间亲和力强、生长健壮、无病虫害的树种进行嫁接。切口要平滑，各项操作要衔接迅速，保持形成层接触面的吻合，接后应加强管理，采取遮荫、保湿培土、去砧等措施，提高成活率。

a. 枝接：一般在春季发芽前随采随接。如秋季采穗，应蜡封低温贮藏至次年春季使用。

b. 芽接：一般在夏末秋初砧木易离皮时进行。接芽不宜贮藏。

5 幼苗抚育

5.1 幼苗出土后，在傍晚或阴天陆续揭除覆盖物，对易受日灼的树种和软枝插条应及时搭棚遮荫。

5.2 幼苗抚育区应设喷灌，扦插床应设喷雾装置。喷水量和喷雾量根据苗木生长情况而定。

5.3 应清除床面、步道和沟渠中的杂草。一般宜采用化学除草。雨后和灌水后表土微干时应进行中耕。

5.4 播种苗出齐后应间苗 2～3 次，定苗疏密均匀，过稀处应予补栽。

5.5 扦插、压条、埋条及嫁接繁殖苗应及时剥芽去蘖，已木质化者则用枝剪剪除。

5.6 应十分注意防治幼苗病虫害。一经发现病虫，应及时喷药，防止蔓延。

5.7 根据幼苗生长发育情况及时追肥，生长旺季每 10～15 天施肥一次，还可酌情进行根外施肥。

5.8 幼苗需注意防寒。根据其抗寒能力的强弱，分别采用灌封冻水、设风障、覆盖、搭棚等措施，长根而未出土的秋播苗应覆土越冬。

6 大苗培育

6.1 移植

6.1.1 1～2 年生小苗必须移植，将其养成具有完整根系和一定干型、冠型的大苗。速生树种移植 1～2 次，慢生树种移植 2 次以上后，即可定向培育出圃。

6.1.2 移植期以春季为主。在秋季移植落叶树时，应在苗木落叶后进行；雨季移植应以带土球移植为主。北方可于冬季带土球移植针叶树。

6.1.3 移植株行距依苗木生长需要而定，并要便于畜力和机械操作。

6.1.4 苗木在掘、运、栽的过程中应尽量缩短时间，并分级栽植或予以假植。苗木栽植后应立即灌水。

6.2 修剪

6.2.1 苗木修剪方式因树种及培育目的而定。一般以自然树形为主，因树造型，轻量勤修，分枝均匀，冠幅丰满，干冠比例适宜。

a. 乔木类：行道树苗木要求主干通直，主、侧枝分明，分枝点高 1.8～2.0 cm，并逐年上移，直到规定干高为止，庭园观赏树苗的主干不宜太高，可养成多干型或曲干型等。

b. 灌木类：枝叶茂密，主枝 5～8 支，并分布匀称。

c. 针叶树类：养成全冠型或低干型者应保留主枝顶梢；顶梢不明显的树种宜养成多干型或几何型。

d. 绿篱类：应促其分枝，保持全株枝叶丰满。也可作定型修剪，出圃后拼装成绿篱。

e. 地被、攀缘类：主蔓3～5支，分布均匀。特殊造型苗木应分步骤修剪成型。

6.2.2 休眠期修剪以整型为主，可稍重剪；生长期修剪以调整树势为主，宜轻剪。有伤流的树种应在夏季修剪。

6.3 其他栽培技术措施

6.3.1 要加强灌溉、施肥、中耕、除草等技术措施，促使苗木健壮生长，达到预定指标。

6.3.2 要注意预防旱、涝、风、雹、严寒、酷热等自然灾害和人、畜的损伤，提高苗木保存率。

6.3.3 合理间作、套种和补苗，提高土地利用率。

7 病虫害防治

7.1 苗圃应设专人负责病虫害防治工作，加强虫情预测预报，建立植保档案。

7.2 应根据本地区不同树种和不同生长阶段的主要病虫发生规律，制定长期和年度防治计划，采取生物、化学和物理等方法进行综合防治。

7.3 认真进行土壤和种苗消毒。避免具有相同病虫害的苗木在一块地上连接种植或连年栽植；不得在育苗地种植易感染病虫的蔬菜和其他作物。

7.4 严格执行国家植物检疫条例的规定，未经检疫的种苗不得引进或输出。

7.5 对病虫害采取防治措施时，应十分注意保护天敌。

7.6 应重点防治下列病虫害：

a. 根部病虫害：立枯病、根腐病、根癌病；蛴螬、蝼蛄、灰象虫甲、金针虫、地老虎、线虫等。

b. 叶部病虫害：锈病、白粉病、褐斑病、黄化病、丛枝病；蚜虫、红蜘蛛、卷叶虫、避债蛾、巢蛾、天社蛾、刺蛾等。

c. 枝干病虫害：腐烂病；透翅蛾、木蠹蛾、天牛、吉丁虫、介壳虫等。

7.7 使用药剂应严格执行国家植物保护条例的有关规定，尤其应注意以下几点：

a. 正确选择药剂，防止植物产生药害。

b. 在有效范围内，宜使用低浓度农药。应注意换用不同药剂，防止病虫产生抗药性。

c. 不得使用高污染、高残毒和彼此干扰的药物，以提高防治效果。

d. 必须执行植保操作规程，确保人畜安全。

8 苗木出圃

8.1 出圃准备

8.1.1 苗木出圃前应对在圃苗木进行调查，将准备出圃的苗木的品种、规格、数量和质量加以统计，以便按计划出圃。

8.1.2 出圃苗木应符合园林苗木产品标准的各项规定。

8.1.3 5年生以下的常绿树苗，移植不足2年时不得出圃，5年生以上的移栽不足3年时不得出圃。

8.1.4 大苗出圃应行环状断根，断根后可在2年内出圃。

8.2 掘苗

8.2.1 掘苗规格

小　　苗

苗木高度/cm	应留根系长度/cm	
	侧根(幅度)	直　　根
<30	12	15
31～100	17	20
101～150	20	20

大、中苗

苗木胸径/cm	应留根系长度/cm	
	侧根(幅度)	直　　根
3.1～4.0	35～40	25～30
4.1～5.0	45～50	35～40
5.1～6.0	50～60	40～45
6.1～8.0	70～80	45～55
8.1～10.0	85～100	55～65
10.1～12.0	100～120	65～75

带土球苗

苗木高度/cm	土球规格/cm	
	横　　径	纵　　径
<100	30	20
101～200	40～50	30～40
201～300	50～70	40～60
301～400	70～90	60～80
401～500	90～110	80～90

以上为一般掘苗规格，对生根慢和深根性树种可适当增大。

8.2.2　裸根苗掘苗时，土壤含水量不得低于17%，带土球苗的土壤含水量不得低于15%。

8.3　其他要求

8.3.1　裸根苗掘起后的暴露时间不得过长，否则应假植。假期不应超过20天。

8.3.2　裸根苗掘起后应覆盖根部，带土球苗的土球应打包扎紧。运输前要打捆挂牌，标明种类与数量，防止混杂。

8.3.3　出圃苗木修剪时，要为种植时的修剪留有余地，必须剪去病虫枝和冗长枝。根系的修剪，则按带根标准剪去过长部分即可。

8.3.4　出圃苗木应设专人检查，做到四不出圃，即：品种不对、规格不符、质量不合格、有病虫害不出圃。

9　技术档案

9.1　苗圃必须建立完整的技术档案。要及时收集，系统积累，进行科学整理与分析，掌握育苗规律，总结经营管理经验。

9.2 技术档案的主要内容

9.2.1 育苗地区、场圃概况

a. 气候、物候、水文、土质、地形等自然条件的图表资料及调查报告。

b. 苗圃建设历史及发展计划。

c. 苗圃构筑物、机具、设备等固定资产的现状及历年增减、损耗的记载。

9.2.2 育苗技术资料

a. 苗木繁殖：按树种分类记载，包括种条来源、种质鉴定、繁殖方法、成苗率、产苗量及技术管理措施等。

b. 苗木抚育：按地块分区记载，包括苗木品种、栽植规格和日期、株行距、移植成活率、年生长量、存苗量、存苗率、技术管理措施、苗木成本、出圃规格、出圃数量和日期等。

c. 使用新技术、新工艺和新成果的单项技术资料。

d. 试验区、母本区技术管理资料。

9.2.3 经营管理状况

a. 苗圃建设任务书，育苗规划，阶段任务完成情况等。

b. 职工组织，技术装备情况，投资与经济效益分析，副业生产经营情况等。

9.2.4 各类统计报表和调查总结报告等。

9.3 技术资料应每年整理一次，编好目录，分类归档。

附录 用词及用语说明

1. 表示很严格，非这样做不可的用词：

正面词采用“必须”，反面词采用“严禁”。

2. 表示严格，在正常情况下均应这样做的用词：

正面词采用“应”，反面词采用“不应”或“不得”。

3. 表示允许稍有选择，在有条件时首先应这样做的用词：

正面词采用“宜”或“可”，反面词采用“不宜”。

4. 条文中应按指定的标准、规范或其他有关规定执行的写法为“应按……执行”或“应符合……要求或规定”。如非必须按所指的标准、规范或其他规定执行的写法为“可参照……”。

附加说明

本标准由城市建设管理局提出。

本标准由北京市园林局为主编单位；参加编写的有哈尔滨、南京、上海、天津、长春、长沙、济南市园林局。

本标准主要起草人：鲁东和、杜若聪、王荫堂、姚振[illegible]、刘再春、王维兴、张选信、孙锦、索奎霖。

附录 2

中华人民共和国行业标准

城市绿化和园林绿地用植物材料木本苗

GJ/T 34—91

Plant materials for urban green space
Tree seedlings

中华人民共和国建设部
发布日期:1991—08—15
实施日期:1992—06—01

1 主题内容与适用范围

本标准规定了用于城市绿化和园林绿地的露地栽植苗木产品的规格、质量、检验和验收等技术要求,及标志、掘苗、包装、运输、假植或贮存等基本要求。

本标准适用于苗圃露地培育的出圃苗木。

2 引用标准

CJ14 城市园林苗圃育苗技术规程
GB6000 主要造林树种苗木

3 名词术语

3.1 苗木类型:按培育苗木树种的自然形态分为常绿针叶乔木、落叶针叶乔木、常绿阔叶乔木、落叶阔叶乔木、常绿针叶灌木、常绿阔叶灌木、落叶阔叶灌木、常绿藤木、落叶藤木、竹类、棕榈类等种类;丛生型、匍匐型、蔓生型、单干型等类型。

3.2 丛生型苗木:指自然生长的树形呈丛生状的苗木。

3.3 匍匐型苗木:指自然生长的树形呈匍匐状的苗木。

3.4 蔓生型苗木:指自然生长枝条呈蔓生状的苗木。

3.5 单干型苗木:指经过人工整形后具主干的苗木。

3.6 小乔木:指树种自然生长成龄树高在 3～8 m 的乔木。

3.7 中乔木:指树种自然生长成龄树高在 8～15 m 的乔木。

3.8 大乔木:指树种自然生长成龄树高在 15 m 以上的乔木。

3.9 干径:指苗木主干离地表面 130 cm 处的直径。适用于大乔木和中乔木。

3.10 基径:指苗木主干离地表面 10 cm 处基部直径。适用于小乔木和单干型灌木。

3.11 冠径:指乔木树冠垂直投影面的直径。

3.12 蓬径:指灌木灌丛垂直投影面的直径。

3.13 树高:指乔木从地表面至树木正常生长顶端的垂直高度。

3.14 分枝点高:指乔木从树冠的最下分枝点到地表面的垂直高度。

3.15 灌高:指灌木从地表面至灌丛正常生长顶端的垂直高度。

3.16 移植次数:指苗木在苗圃培育的全过程中经过移栽的次数。

4 技术要求

4.1 苗木出圃前的基本要求:

4.1.1 将准备出圃苗木的种类、规格、数量和质量分别调查统计制表。

4.1.2 核对出圃苗木的树种或栽培变种(品种)的中文植物名称与拉丁学名,做到名实相符。

4.1.3 出圃苗木应具备生长健壮、枝叶繁茂、冠形完整、色泽正常、根系发达、无病虫害、无机械损伤、无冻害等基本质量要求。参照 CJ14 有关规定进行。凡不符合上述要求的苗木不得出圃。

4.1.4 苗木出圃前应经过移植培育。5 年生以下的移植培育至少一次;5 年生以上(含 5 年生)的移植培育两次以上。

4.1.5 野生苗和异地引种驯化苗定植前应经苗圃养护培育一至数年后,适应当地环境,生长发育正常后才能出圃。

4.1.6 出圃苗木应经过植物检疫。省、自治区、直辖市之间苗木产品出入境应经法定植物检疫主管部门检验,签发检疫合格证书后,方可出圃。具体检疫要求按国家有关规定执行。

4.2 各类型苗木产品规格质量标准:

4.2.1 乔木类常用苗木产品主要规格质量标准见附表 A 表 A_1。

4.2.1.1 乔木类苗木产品主要质量要求:具主轴的应有主干枝,主枝应分布均匀,干径在 3.0 cm 以上。

4.2.1.2 阔叶乔木类苗木产品质量以干径、树高、苗龄、分枝点高、冠径和移植次数为规定指标;针叶乔木类苗木产品质量规定标准以树高、苗龄、冠径和移植次数为规定指标。

4.2.1.3 行道树用乔木类苗木产品主要质量规定指标为:阔叶乔木类应具主枝三至五支,干径不小于 4.0 cm,分枝点高不小于 2.5 m;针叶乔木应具主轴有主梢。

(注:分枝点高等具体要求,应根据树种的不同特点和街道车辆交通量,各地另行规定)

4.2.2 灌木类常用苗木产品主要规格质量标准见附录 A 表 A_2。

4.2.2.1 灌木类苗木产品主要质量标准以苗龄、蓬径、主枝数、灌高或主条长为规定指标。

4.2.2.2 丛生型灌木类苗木产品主要质量要求:灌丛丰富,主侧枝分布均匀,主枝数不少于五支,灌高应有三支以上的主枝达到规定的标准要求。

4.2.2.3 匍匐型灌木类苗木产品主要质量要求:应有三支以上主枝达到规定标准的长度。

4.2.2.4 蔓生型灌木苗木产品主要质量要求:分枝均匀,主条数在五支以上,主条径在

1.0 cm以上。

4.2.2.5 单干型灌木苗木产品主要质量要求：具主干，分枝均匀，基径在 20 cm 以上。

4.2.2.6 绿篱用灌木类苗木产品主要质量要求：冠丛丰满，分枝均匀，干下部枝叶无光秃，干径同级，树龄 2 年生以上。

4.2.3 藤木类常用苗木产品主要规格质量标准见附录 A 表 A_3。

4.2.3.1 藤木类苗木产品主要质量标准以苗龄、分枝数、主蔓径和移植次数为规定指标。

4.2.3.2 小藤木类苗木产品主要质量要求：分枝数不少于二支，主蔓径应在 0.3 cm 以上。

4.2.3.3 大藤木类苗木产品主要质量要求：分枝数不少于三支，主蔓径在 1.0 cm 以上。

4.2.4 竹类常用苗木产品主要规格质量标准见附录 A 表 A_4。

4.2.4.1 竹类苗木产品主要质量标准以苗龄、竹叶盘数、竹鞭芽眼数和竹鞭个数为规定指标。

4.2.4.2 母竹为 2～4 年生苗龄，竹鞭芽眼两个以上，竹秆截干保留三至五盘叶以上。

4.2.4.3 无性繁殖竹苗应具 2～3 年生苗龄；播种竹苗应具三年以上苗龄。

4.2.4.4 散生竹类苗木产品主要质量要求：大中型竹苗具有竹秆一至二支；小型竹苗具有竹秆三支以上。

4.2.4.5 丛生竹类苗木产品主要质量要求：每丛竹具有竹秆三支以上。

4.2.4.6 混生竹类苗木产品主要质量要求：每丛竹具有竹秆二支以上。

4.2.5 棕榈类等特种苗木产品主要规格质量标准见附录 A 表 A_5。

4.2.5.1 棕榈类特种苗木产品主要质量标准以树高、干径、冠径和移植次数为规定指标。

5 检测方法

5.1 测量苗木产品干径、基径等直径时用游标卡尺，读数精确到 0.1 cm。测量苗木产品树高、灌高、分枝点高或着叶点高、冠径和蓬径等长度时用钢卷尺、皮尺或木制直尺，读数精确到 1.0 cm。

5.2 测量苗木产品干径当主干断面畸形时，测取最大值和最小值直径的平均值。测量苗木产品基径当基部膨胀或变形时，从其基部近上方正常处测取。

5.3 乔木树高是从基部地表面到正常枝最上端顶芽之间的垂直高度。不计徒长枝。对棕榈类等特种苗木的树高从最高着叶点处测量其主干高度。

5.4 测量灌高时，应取每丛三支以上主枝高度的平均值。

5.5 测量冠径和蓬径，应取树冠（灌蓬）垂直投影面上最大值和最小值直径的平均值，最大值与最小值的比值应小于 1.5。

5.6 检验苗木苗龄和移植次数，应以出圃前苗木档案记录为准。

5.7 4.1.3 条内容用感观检测。

6 检验规则

6.1 苗木产品检验地点限在苗木出圃地进行，供需双方同时履行检验手续，供方应对需方提供苗木产品的树种、苗龄、移植次数等历史档案记录。

6.2 珍贵苗木、大规格苗木和有特殊规格质量要求的苗木要逐株进行检验。

6.3 成批（捆）的苗木按批（捆）量的 10%随机抽样进行质量检验。

6.4 同一批出圃苗木应统一进行一次性检验。

6.5 同一批苗木产品的质量检验的允许范围为2%;成批出圃苗木产品数量检验的允许误差为±0.5%。参照GB6000的有关规定执行。详见表1,表2。

表1 质量检验允许不合格值测定表

同批量数/株	允许值/株
1000	20
500	10
100	2
50	1
25	0

表2 数量检验允许误差值测定表

同批数量/株	允许值/株
5000	±25
1000	±5
400	±2
200	±1
100	0

6.6 根据检验结果判定出圃苗木合格与不合格。当检验工作有误或其他方面不符合有关标准规定必须进行复检时,以复检结果为准。

6.7 涉及出圃苗木产品进出国境检验时,应事先与国家口岸植物检疫主管部门和其他有关主管部门联系,按照有关技术规定,履行植物进出境检验手续。

6.8 苗木产品出圃应附《苗木检验合格证书》,一式三份。其格式见表3。

表3

编　号		发苗单位			
树种名称		拉丁学名			
繁殖方式		苗　龄		规　格	
批　　号		种苗来源		数　量	
起苗日期		包装日期		发苗日期	
假植或贮存日期		植物检疫证号			
发证单位		备注			

检验人(签字)　　负责人(签字)　　签证日期:　年　月　日

7 标志、掘苗、包装、运输、假植或贮存

7.1 标志

7.1.1 苗木产品出圃应带有明显标志。

(注:标志的形式和颜色可由各地自行规定)

7.1.2 标志牌上印注内容:苗木名称、拉丁学名、起苗日期、批号、数量、植物检验证号和发苗单位。

7.1.3 标志牌挂设按苗木产品品种和包装件数为单位。

7.2 掘苗

7.2.1 常绿苗木、落叶珍贵苗木、特大苗木和不易成活的苗木以及有其他特殊质量要求的

苗木等产品，应带土球起掘。

7.2.2　苗木的适宜掘苗时期，按不同树种的适宜移植物候期进行。

7.2.3　起掘苗木时，当土壤过于干旱，应在起苗前三至五天浇足水。

7.2.4　裸根苗木产品掘苗的根系幅度应为其基径的六至八倍。

7.2.5　带土球苗木产品掘苗的土球直径应为其基径的六至八倍。土球厚度应为土球直径的三分之二以上。

7.2.6　苗木起掘后应立即修剪根系。根径达 2.0 cm 以上应进行药物处理。同时适度修剪地上部分枝叶。

7.2.7　裸根苗木产品掘取后，应防止日晒，进行保湿处理。

7.3　包装

7.3.1　裸根苗木产品起运前，应适度修剪枝叶、绑扎树冠，并用保湿材料覆盖和包装。

7.3.2　带土球苗木产品，掘取后应立即包装，应做到土壤湿润、土球规范、包装结实、不裂不散。

（注：其包装材料、规格和方法可由各地自行规定）

7.4　运输

7.4.1　苗木产品必须及时运输。在运输途中应专人养护，保证苗木产品有适宜的温度和湿度，防止苗木曝晒、雨淋和二次机械损伤。

7.4.2　苗木产品在装卸过程中应轻拿轻放。保持苗木完好无损、无污染，装卸机具要有安全、卫生的技术措施。

7.4.3　苗木产品的体量过大和土球直径超过 70 cm 以上，可使用吊车等机械装卸。

7.5　假植或贮存

7.5.1　苗木产品运到栽植地应及时进行定植。

7.5.2　苗木产品掘起后，当不能及时外运或运送到目的地不能及时定植时，应进行临时性假植或贮存处理。

7.5.3　当苗木产品秋季起苗待翌春后栽植时，应进行越冬性假植或贮存处理。

7.5.4　假植和贮存的具体要求，可由各地自行规定。

附加说明

本标准由中华人民共和国建设部标准定额研究所提出。

本标准由建设部城镇建设标准技术归口单位建设部城市建设研究院归口。

本标准的主编单位是建设部城市建设研究院，北京市园林局、重庆市园林局、杭州市园林文物局、广州市园林局、北京林业大学园林系、兰州市园林局和沈阳市绿化管理处负责起草。

本标准主要起草人：陈明松（主编）、曾颉、孙玉生、钟毓铸、王玉华、周宝光、江庆歆、马元建、薛为东、行胜志等。

本标准委托建设部城市建设研究院负责解释。

附录 A　常用苗木产品主要规格质量标准（补充件）

乔木类常用苗木产品主要规格质量标准见表 A_1。

表 A_1　乔木类常用苗木产品主要规格质量标准

<table>
<tr><th>类型</th><th>树　　种</th><th>树高/m</th><th>干径/cm</th><th>苗龄/a</th><th>冠径/m</th><th>分枝点高/m</th><th>移植次数/次</th></tr>
<tr><td rowspan="5">常绿针叶乔木</td><td>南洋杉 Araucaria cunninghamii</td><td>2.5～3</td><td>—</td><td>6～7</td><td>1.0</td><td>—</td><td>2</td></tr>
<tr><td>冷杉 Abies fabri</td><td>1.5～2</td><td>—</td><td>7</td><td>0.8</td><td>—</td><td>2</td></tr>
<tr><td>雪松 Cedrus deodara</td><td>2.5～3</td><td>—</td><td>6～7</td><td>1.5</td><td>—</td><td>2</td></tr>
<tr><td>柳杉 Cryptomeria fortunei</td><td>2.5～3</td><td>—</td><td>5～6</td><td>1.5</td><td>—</td><td>2</td></tr>
<tr><td>云杉 Picea asperata</td><td>1.5～2</td><td>—</td><td>7</td><td>0.8</td><td>—</td><td>2</td></tr>
<tr><td rowspan="12">常绿针叶乔木</td><td>侧柏 Platycladus orientalis</td><td>2～2.5</td><td>—</td><td>5～7</td><td>1.0</td><td>—</td><td>2</td></tr>
<tr><td>罗汉松 Podocarpus macrophllus</td><td>2～2.5</td><td>—</td><td>6～7</td><td>1.0</td><td>—</td><td>2</td></tr>
<tr><td>油松 Pinus tabulaeformis</td><td>1.5～2</td><td>—</td><td>8</td><td>1.0</td><td>—</td><td>3</td></tr>
<tr><td>白皮松 Pinus bungeana</td><td>1.5～2</td><td>—</td><td>6～10</td><td>1.0</td><td>—</td><td>2</td></tr>
<tr><td>湿地松 Pinus elliotii</td><td>2～2.5</td><td>—</td><td>3～4</td><td>1.5</td><td>—</td><td>2</td></tr>
<tr><td>马尾松 Pinus massoniana</td><td>2～2.5</td><td>—</td><td>4～5</td><td>1.5</td><td>—</td><td>2</td></tr>
<tr><td>黑松 Pinus thunbergii</td><td>2～2.5</td><td>—</td><td>6</td><td>1.5</td><td>—</td><td>2</td></tr>
<tr><td>华山松 Pinus armandi</td><td>1.5～2</td><td>—</td><td>7～8</td><td>1.5</td><td>—</td><td>3</td></tr>
<tr><td>圆柏 Sabina chinensis</td><td>2.5～3</td><td>—</td><td>7</td><td>0.8</td><td>—</td><td>3</td></tr>
<tr><td>龙柏 Sabina chinensis cv. Kaizuka</td><td>2～2.5</td><td>—</td><td>5～8</td><td>0.8</td><td>—</td><td>2</td></tr>
<tr><td>铅笔柏 Sabina virginiana</td><td>2.5～3</td><td>—</td><td>6～10</td><td>0.6</td><td>—</td><td>3</td></tr>
<tr><td>榧树 Torreya grandis</td><td>1.5～2</td><td>—</td><td>5～8</td><td>0.6</td><td>—</td><td>2</td></tr>
<tr><td rowspan="5">落叶针叶乔木</td><td>水松 Glyptostrobus pensilis</td><td>3.0～3.5</td><td>—</td><td>4～5</td><td>1.0</td><td>—</td><td>2</td></tr>
<tr><td>水杉 Metasequoia glyptostroboides</td><td>3.0～3.5</td><td>—</td><td>4～5</td><td>1.0</td><td>—</td><td>2</td></tr>
<tr><td>金钱松 Pseudolarix amabilis</td><td>3.0～3.5</td><td>—</td><td>6～8</td><td>1.2</td><td>—</td><td>2</td></tr>
<tr><td>池杉 Taxodium ascendens</td><td>3.0～3.5</td><td>—</td><td>4～5</td><td>1.0</td><td>—</td><td>2</td></tr>
<tr><td>落羽杉 Taxodium distichum</td><td>3.0～3.5</td><td>—</td><td>4～5</td><td>1.0</td><td>—</td><td>2</td></tr>
<tr><td rowspan="8">常绿阔叶乔木</td><td>羊蹄甲 Bauhinia purpurea</td><td>2.5～3</td><td>3～4</td><td>4～5</td><td>1.2</td><td>—</td><td>2</td></tr>
<tr><td>榕树 Ficus retusa</td><td>2.5～3</td><td>4～6</td><td>5～6</td><td>1.0</td><td>—</td><td>2</td></tr>
<tr><td>黄桷树 Ficus lacor</td><td>3～3.5</td><td>5～8</td><td>5</td><td>1.5</td><td>—</td><td>2</td></tr>
<tr><td>女贞 Ligustrum lucidum</td><td>2～2.5</td><td>3～4</td><td>4～5</td><td>1.2</td><td>—</td><td>1</td></tr>
<tr><td>广玉兰 Magnolia grandiflora</td><td>3.0</td><td>3～4</td><td>4～5</td><td>1.5</td><td>—</td><td>2</td></tr>
<tr><td>白兰花 Michelia alba</td><td>3～3.5</td><td>5～6</td><td>5～7</td><td>1.0</td><td>—</td><td>2</td></tr>
<tr><td>芒果 Mangifera indica</td><td>3～3.5</td><td>5～6</td><td>5</td><td>1.5</td><td>—</td><td>2</td></tr>
<tr><td>香樟 Cinnamomun camphora</td><td>2.5～3</td><td>3～4</td><td>4～5</td><td>1.2</td><td>—</td><td>2</td></tr>
</table>

续表 A_1

类型		树种	树高/m	干径/cm	苗龄/a	冠径/m	分枝点高/m	移植次数/次
常绿阔叶乔木		蚊母 *Distylium racemosum*	2	3～4	5	0.5	—	3
		桂花 *Osmanthus fragrans*	1.5～2	3～4	4～5	1.5	—	2
		山茶花 *Camellia japonica*	1.5～2	3～4	5～6	1.5	—	2
		石楠 *Photinia serrulata*	1.5～2	3～4	5	1.0	—	2
		枇杷 *Erobotrya japonica*	2～2.5	3～4	3～4	5～6	—	2
落叶阔叶乔木	大乔木	银杏 *Ginkgo biloba*	2.5～3	2	15～20	1.5	2.0	3
		绒毛白蜡 *Fraxinus pennsylvanica*	4～6	4～5	6～7	0.8	5.0	2
		悬铃木 *Platanus acerifolia*	2～2.5	5～7	4～5	1.5	3.0	2
		毛白杨 *Populus tomentosa*	6	4～5	4	0.8	2.5	1
		臭椿 *Ailanthus altissima*	2～2.5	3～4	3～4	0.8	2.5	1
		三角枫 *Acer buergerianum*	2.5	2.5	8	0.8	2.0	2
		元宝枫 *Acer truncatum*	2.5	3	5	0.8	2.0	2
		洋槐 *Robinia pseudoacacia*	6	3～4	6	0.8	2.0	2
		合欢 *Albizzia julibrissin*	5	3～4	6	0.8	2.5	2
		栾树 *Koelreuteria paniculata*	4	5	6	0.8	2.5	2
		七叶树 *Aesculus chinensis*	3	3.5～4	4～5	0.8	2.5	3
		国槐 *Sophora japonica*	4	5～6	8	0.8	2.5	2
		无患子 *Sapindus mukorossi*	3～3.5	3～4	5～6	1.0	3.0	1
		泡桐 *Paulownia fortunei*	2～2.5	3～4	2～3	0.8	2.5	1
		枫杨 *Pterocarya stenoptera*	2～2.5	3～4	3～4	0.8	2.5	1
		梧桐 *Firmiana simplex*	2～2.5	3～4	4～5	0.8	2.0	2
		鹅掌楸 *Liriodendron chinensis*	3～4	3～4	4～6	0.8	2.5	2
		木棉 *Gossampinus malabarica*	3.5	5～8	5	0.8	2.5	2
		垂柳 *Salix babylonica*	2.5～3	4～5	2～3	0.8	2.5	2
		枫香 *Liquidambar formosana*	3～3.5	3～4	4～5	0.8	2.5	2
		榆树 *Ulmus pumila*	3～4	3～4	3～4	1.5	2	2
		榔榆 *Ulmus parvifolia*	3～4	3～4	6	1.5	2	3
		朴树 *Celtis sinensis*	3～4	3～4	5～6	1.5	2	2
		乌桕 *Sapium sebiferum*	3～4	3～4	6	2	2	2
		楝树 *Melia azedarach*	3～4	3～4	4～5	2	2	2

续表 A_1

类型		树种	树高/m	干径/cm	苗龄/a	冠径/m	分枝点高/m	移植次数/次
落叶阔叶乔木	大乔木	杜仲 *Eucommia ulmoides*	4～5	3～4	6～8	2	2	3
		麻栎 *Quercus acutissima*	3～4	3～4	5～6	2	2	2
		榉树 *Zelkova schneideriana*	3～4	3～4	8～10	2	2	3
		重阳木 *Bischofia polycarpa*	3～4	3～4	5～6	2	2	2
		梓树 *Catalpa ovata*	3～4	3～4	5～6	2	2	2
	中小乔木	白玉兰 *Magnolia denudata*	2～2.5	2～3	4～5	0.8	0.8	1
		紫叶李 *Prunus cerasifera*	1.5～2	1～2	3～4	0.8	0.4	2
		樱花 *Prunus serrulata*	2～2.5	1～2	3～4	1	0.8	2
		鸡爪槭 *Acer palmatum*	1.5	1～2	4	0.8	1.5	2
		西府海棠 *Malus micromalus*	3	1～2	4	1.0	0.4	2
		大花紫薇 *Lagerstroemia speciosa*	1.5～2	1～2	3～4	0.8	1.0	1
		石榴 *Punica granatum*	1.5～2	1～2	3～4	0.8	0.4～0.5	2
		碧桃 *Prunus persica f. duplex*	1.5～2	1～2	3～4	1.0	0.4～0.5	1
		丝棉木 *Euonymus bungeanus*	2.5	2	4	1.5	0.8～1	1
		垂枝榆 *Ulmus pumila cv. Pendula*	2.5	4	7	1.5	2.5～3	2
		龙爪槐 *Sophora japonica var. pendula*	2.5	4	10	1.5	2.5～3	3
		毛刺槐 *Robinia hispida*	2.5	4	3	1.5	1.5～2	

灌木类常用苗木产品主要规格质量标准见表 A_2

表 A_2 灌木类常用苗木产品主要规格质量标准

类型		树种	树高/m	苗龄/a	蓬径/m	主枝数/个	移植次数/次	主条长/m	基径/cm
常绿针叶灌木	匍匐型	爬地柏 *Sabina procumbens*	—	4	0.6	3	2	1～1.5	1.5～2
		沙地柏 *Sabina vulgalis*	—	4	0.6	3	2	1～1.5	1.5～2
	丛生型	千头柏 *Platycladus orientalis cv. Sieboldii*	0.8～1.0	5～6	0.5	—	1	—	—
		线柏 *Chamaecyparis pisifera cv. Filifera*	0.6～0.8	4～5	0.5	—	1	—	—
常绿阔叶灌木	丛生型	月桂 *Laurus nobilis*	1～1.2	4～5	0.5	3	1～2	—	—
		海桐 *Pittosporum indicurn*	0.8～1.0	4～5	0.8	3～5	1～2	—	—
		夹竹桃 *Nerium indicum*	1～1.5	2～3	0.5	3～5	1～2	—	—
		含笑 *Michelia odorata*	0.6～0.8	4～5	0.5	3～5	2	—	—
		米仔兰 *Aglaia odorata*	0.6～0.8	5～6	0.6	3	2	—	—

续表 A_2

类型		树种	树高/m	苗龄/a	蓬径/m	主枝数/个	移植次数/次	主条长/m	基径/cm
常绿阔叶灌木	丛生型	大叶黄杨 *Euonymus japonicus*	0.6～0.8	4～5	0.6	3	2	—	—
		锦熟黄杨 *Buxus sempervirens*	0.3～0.5	3～4	0.3	3	1	—	—
		云锦杜鹃 *Rhododendron fortunei*	0.3～0.5	3～4	0.3	5～8	1～2	—	—
		十大功劳 *Mahonia fortunei*	0.3～0.5	3	0.3	3～5	1	—	—
		栀子花 *Gardenia jasminoides*	0.3～0.5	2～3	0.3	3～5	1	—	—
		黄蝉 *Allemanda neriifolia*	0.6～0.8	3～4	0.6	3～5	1	—	—
		南天竹 *Nandia domestica*	0.3～0.5	2～3	0.3	3	1	—	—
		九里香 *Murraya paniculata*	0.6～0.8	4	0.6	3～5	1～2	—	—
		八角金盘 *Fatsia japonica*	0.5～0.6	3～4	0.5	2	1	—	—
		枸骨 *Ilex cornuta*	0.6～0.8	5	0.6	3～5	2	—	—
		丝兰 *Yucca filamentosa*	0.3～0.4	3～4	0.5	—	2	—	—
	单干型	高接大叶黄杨 *Euonymus japonicus*	2	—	3	3	2	—	3～4
落叶阔叶灌木	丛生型	榆叶梅 *Prunus triloba*	1.5	3～5	0.8	5	2	—	—
		珍珠梅 *Sorbaria kirilowii*	1.5	5	0.8	6	1	—	—
		黄刺梅 *Rosa xanthina*	1.5～2.0	4～5	0.8～1.0	6～8	1	—	—
		玫瑰 *Rosa rugosa*	0.8～1.0	4～5	0.5～0.6	5	1	—	—
		贴梗海棠 *Chaenomeles speciosa*	0.8～1.0	4～5	0.8～1.0	5	1	—	—
		木槿 *Hibiscus syriacus*	1～1.5	2～3	0.5～0.6	5	1	—	—
		太平花 *Philadelphus pekinensis*	1.2～1.5	2～3	0.5～0.8	6	1	—	—
		红叶小檗 *Berberis thunbergii f. atropurprea*	0.8～1.0	3～5	0.5	6	1	—	—
		棣棠 *Kerria japonica*	1～1.5	6	0.8	6	1	—	—
		紫荆 *Cercis chinensis*	1～1.2	6～8	0.8～1.0	5	1	—	—
		锦带花 *Weigela florida*	1.2～1.5	2～3	0.5～0.8	6	1	—	—
		腊梅 *Chimonanthus praecox*	1.5～2.0	5～6	1～1.5	8	1	—	—
		溲疏 *Deutzia scabra*	1.2	3～5	0.6	5	1	—	—
		金银木 *Lonicera maackii*	1.5	3～5	0.8～1.0	5	1	—	—
		紫薇 *Lagerstroemia indica*	1～1.5	3～5	0.8～1.0	5	1	—	—
		紫丁香 *Syringa oblata*	1.2～1.5	3	0.6	5	1	—	—
		木本绣球 *Viburnum macrocephalum*	0.8～1.0	4	0.6	5	1	—	—
		麻叶绣线菊 *Spiraea cantoniensis*	0.8～1.0	4	0.8～1.0	5	1	—	—
		猬实 *Kolkwitzia amabilis*	0.8～1.0	3	0.8～1.0	7	1	—	—

续表 A_2

类型		树种	树高/m	苗龄/a	蓬径/m	主枝数/个	移植次数/次	主条长/m	基径/cm
落叶阔叶灌木	单干型	红花紫薇 *Lagersroemia indica*	1.5～2.0	3～5	0.8	5	1	3～4	
		榆叶梅 *Prunus triloba*	1～1.5	5	0.8	5	1	—	3～4
		白丁香 *Syringa oblata var. alba*	1.5～2	3～5	0.8	5	1	—	3～4
		碧桃 *Prunus persica f. duplex*	1.5～2	4	0.8	5	1	—	3～4
	蔓生型	连翘 *Forsythia suspensa*	0.5～1	1～3	0.8	5	—	1.0～1.5	—
		迎春 *Jasminum nudiflorum*	0.4～1	1～2	0.5	5	—	0.6～0.8	—

藤本类常用苗木产品主要规格质量标准见表 A_3。

表 A_3 藤本类常用苗木产品主要规格质量标准

类型	树种	苗龄/a	分枝数/支	主蔓径/cm	主蔓长/m	移植次数(次)
常绿藤木	金银花 *Lonicera japonica*	3～4	3	0.3	1.0	1
	络石 *Trachelospermum jasminoides*	3～4	3	0.3	1.0	1
	常春藤 *Hedera nepalensis*	3	3	0.3	1.0	1
	鸡血藤 *Millettia reticulata*	3	2～3	1.0	1.5	1
	扶芳藤 *Euonymus fortunei*	3～4	3	1	1.0	1
	三角花 *Bougainvillea spectabilis*	3～4	4～5	1	1～1.5	1
	木香 *Rosa banksiae*	3	3	0.8	1.2	1
落叶藤木	猕猴桃 *Actinidia chinensis*	3	4～5	0.5	2～3	1
	南蛇藤 *Celastrus orbiculatus*	3	4～5	0.5	1	1
	紫藤 *Wisteria sinensis*	4	4～5	1	1.5	1
	爬山虎 *Parthenocissus tricuspidata*	1～2	3～4	0.5	2～2.5	1
	野蔷薇 *Rora multiflora*	1～3	3	1	1.0	1
	凌霄 *Campsis grandiflora*	3	4～5	0.8	1.5	1
	葡萄 *Vitis vinifera*	3	4～5	1	2～3	1

竹类常用苗木产品主要规格质量标准见表 A_4

表 A_4 竹类常用苗木产品主要规格质量标准

类型	树种	苗龄/a	母竹分枝数/支	竹鞭长/m	竹鞭个数/个	竹鞭芽眼数/个
散生竹	紫竹 *Phyllostachys nigra*	2～3	2～3	>0.3	>2	>2
	毛竹 *Phyllostachys pubescens*	2～3	2～3	>0.3	>2	>2
	方竹 *Chimonobambusa quadrangularis*	2～3	2～3	>0.3	>2	>2
	淡竹 *Phyllostachys nigra var. henonis*	2～3	2～3	>0.3	>2	>2

续表 A_4

类型	树种	苗龄/a	母竹分枝数/支	竹鞭长/m	竹鞭个数/个	竹鞭芽眼数/个
丛生竹	佛肚竹 *Bambusa ventricosa*	2～3	1～2	>0.3	—	2
	凤凰竹 *Bambusa multiplex*	2～3	1～2	>0.3	—	2
	粉箪竹 *Lingnania chungii*	2～3	1～2	>0.3	—	2
	撑篙竹 *Bambusa pervariabilis*	2～3	1～2	>0.3	—	2
	黄金间碧竹 *Bambusa vulgaris var. striata*	3	2～3	>0.3	—	2
湿生竹	倭竹 *Shibataea chinensis*	2～3	2～3	>0.3	—	>1
	苦竹 *Pleioblastus amarus*	2～3	2～3	>0.3	—	>1
	阔叶箬竹 *Indocalamus latifolius*	2～3	2～3	>0.3	—	>1

棕榈类等特种苗木产品主要规格质量标准见表 A_5。

表 A_5　棕榈类等特种苗木产品主要规格质量标准

类型	树种	树高/m	灌高/m	树龄/a	基径/cm	冠径/m	蓬径/m	移植次数/次
乔木型	棕榈 *Trachycarpus fortunei*	0.6～0.8	—	7～8	6～8	1	—	2
	椰子 *Cocos nucifera*	1.5～2	—	4～5	15～20	1	—	2
	王棕 *Roystonea regia*	1～2	—	5～6	6～10	1	—	2
	假槟榔 *Archontophoenix alexandrae*	1～1.5	—	4～5	6～10	1	—	2
	长叶刺葵 *Phoenix canariensis*	0.8～1.0	—	4～6	6～8	1	—	2
	油棕 *Elaeis guineensis*	0.8～1.0	—	4～5	6～10	1	—	2
	蒲葵 *Livistona chinensis*	0.6～0.8	—	8～10	10～12	1	—	2
	鱼尾葵 *Caryota ochlandra*	1.0～1.5	—	4～6	6～8	1	—	2
灌木型	棕竹 *Rhapis humilis*	—	0.6～0.8	5～6	—	—	0.6	2
	散尾葵 *Chrysalidocarpus lutescens*	—	0.8～1	4～6	—	—	0.8	2

参 考 文 献

1 俞玖．园林苗圃学．北京：中国林业出版社，1988
2 龚学堃等．园林苗圃学．北京：中国建筑工业出版社，1995
3 芦建国．苗圃生产与管理．苏州：苏州大学出版社，1999
4 何清正．花卉生产新技术．广州：广东科技出版社，1991
5 陈树国，李瑞华，杨秋生．观赏园艺学．北京：中国农业科技出版社，1991
6 施振周，刘祖祺．园林花木栽培新技术．北京：中国农业出版社，1999
7 吴少华．园林花卉苗木繁育技术．北京：科学技术文献出版社，2001
8 赵庚义．花卉育苗技术手册．北京：中国农业出版社，2000
9 王军胜．林业执法与监控管理全书．北京：台海出版社，1999
10 陶鹏德．市场营销．南京：河海大学出版社，2000
11 [美]亨利·艾伯斯著；杨文士译．现代管理原理．北京：商务印书馆，1986
12 [美]R. M. 霍德盖茨；中国人民大学工业经济系外国工业管理教研室编译．美国企业经营管理概论．北京：中国人民大学出版社，1985